Abhandlungen aus dem Aerodynamischen Institut
an der Technischen Hochschule Aachen

Herausgegeben von Professor Dr. C. Wieselsberger

Heft 14

Hans Doetsch
Die Wärmeübertragung von Kühlrippen an strömende Luft

Mit 29 Abbildungen im Text

C. Wieselsberger
Die aerodynamische Waage des Aachener Windkanales

Mit 2 Abbildungen im Text

Franz Bollenrath
Eigenspannungen bei Lichtbogen- und Gasschmelzschweißung

Mit 32 Abbildungen im Text

Berlin
Verlag von Julius Springer
1934

Inhaltsverzeichnis.

Die Wärmeübertragung von Kühlrippen an strömende Luft.
Von Hans Doetsch, Aachen.

	Seite
I. Einleitung	3
II. Theoretische Grundlagen	4
III. Versuchseinrichtung, Durchführung der Versuche	7
IV. Versuchsergebnisse, Auswertung	11
V. Zusammenfassung	23

Die aerodynamische Waage des Aachener Windkanales 24
Von C. Wieselsberger, Aachen.

Eigenspannungen bei Lichtbogen- und Gasschmelzschweißung.
Von Franz Bollenrath, Aachen.

I. Einleitung	27
II. Versuche	28
A. Gesichtspunkte für die Auswahl der Proben und Versuchsmethoden	28
B. Untersuchte Proben	30
1. Werkstoffeigenschaften	30
2. Einfluß der Breite der Erwärmungszone	30
3. Gasschmelzschweißung	30
4. Elektroschweißung	31
5. Proben für die Versuche über den Spannungsabbau	32
C. Mitteilung und Besprechung der Versuchsergebnisse	32
1. Festigkeitseigenschaften der verwandten Werkstoffe	32
2. Einfluß der Erwärmungszone	34
3. Eigenspannungen in geschweißten Nähten	37
4. Versuche über den Spannungsabbau	41
a) autogen geschweißte Probe S. 45. — b) Mit ummantelter Elektrode geschweißte Probe S. 48. — c) Mit nackter Elektrode geschweißte Probe S. 50.	
III. Zusammenfassung und Schluß	52

Alle Rechte, insbesondere das der Übersetzung in fremde Sprachen, vorbehalten.

ISBN-13: 978-3-642-93773-6   e-ISBN-13: 978-3-642-94173-3
DOI: 10.1007/ 978-3-642-94173-3

Die Wärmeübertragung von Kühlrippen an strömende Luft.

Von **Hans Doetsch**, Aachen.

Inhalt. In der nachfolgenden Arbeit werden Temperaturen und Wärmeleistungen von Kühlrippen bei erzwungener Kühlung experimentell ermittelt und mit der Rechnung verglichen. Dabei werden mehrere Rippenformen und -anordnungen bei verschiedenen Kühlluftgeschwindigkeiten untersucht. Die Versuche werden an Platten mit geraden Kühlrippen vorgenommen. Es wird eine zufriedenstellende Übereinstimmung zwischen den Versuchsergebnissen und der Rechnung gefunden.

I. Einleitung.

Die Verwendung von Kühlrippen empfiehlt sich in den Fällen, wo beim Wärmedurchgang durch metallische Wände auf den beiden Seiten die Wärmeübergangszahlen stark verschieden sind. Die Wärmedurchgangszahl ist bekanntlich kleiner als die kleinste Wärmeübergangszahl. Man kann nun den Wärmedurchgang verbessern, wenn man auf der Seite der kleineren Wärmeübergangszahl Kühlrippen anordnet, durch welche die wärmeaustauschende Oberfläche vergrößert wird. Die Rippenoberfläche besitzt jedoch infolge ihrer tieferen Temperatur eine geringere Wirksamkeit als die Grundfläche, auf der die Rippen angebracht sind. Es bedeute:

y den Abstand vom Rippenfuß [m],

h die Rippenhöhe [m],

ϑ die Temperaturdifferenz zwischen Rippe und Kühlmedium an der Stelle y [° C],

ϑ_0 die Temperaturdifferenz zwischen Grundfläche und Kühlmedium [° C],

α die Wärmeübergangszahl $\left[\dfrac{\text{kcal}}{\text{m}^2\,\text{h}\,°\text{C}}\right]$.

Die von einem Meter Rippenflanke abgegebene Wärmemenge ist:

$$Q = \alpha \int_0^h \vartheta\, dy \left[\dfrac{\text{kcal}}{\text{m h}}\right].$$

Für den Fall, daß die Rippenflanke die Temperatur der Grundfläche ϑ_0 besäße, wäre die abgegebene Wärmemenge:

$$Q_0 = \alpha\, \vartheta_0\, h \left[\dfrac{\text{kcal}}{\text{m h}}\right].$$

Als Wirkungsgrad der Rippenoberfläche kann man also schreiben:

$$\eta_R = \dfrac{\alpha \int_0^h \vartheta\, dy}{\alpha\, \vartheta_0\, h} = \dfrac{\int_0^h \vartheta\, dy}{\vartheta_0\, h}.$$

Um die von der Rippe abgeführte Wärmemenge zu ermitteln, müssen wir zunächst den Temperaturverlauf in der Rippe bestimmen. Diese Aufgabe läßt sich mit Hilfe der Differentialgleichungen der Wärmeleitung unter vereinfachenden Annahmen weitgehend behandeln.

Für die Praxis ist außerdem noch folgende Frage zu klären:

Im Fall der eng beieinanderstehenden Rippen weicht die Wärmeübergangszahl α für einen bestimmten Strömungszustand des Kühlmediums erheblich von der Wärmeübergangszahl der ebenen Wand ab. Die Beurteilung der Wirksamkeit einer Rippenanordnung und die Berechnung der übergehenden Wärmemenge ist nur dann möglich, wenn man die Abhängigkeit der Wärmeübergangszahl von der Strömungsgeschwindigkeit und von den Abmessungen der Anordnung kennt. Dieses Problem läßt sich theoretisch nicht lösen. Man ist darauf angewiesen, durch Versuche die Größe der Wärmeübergangszahl zu bestimmen.

Vorliegende Arbeit hatte den Zweck, erstens die mit Hilfe der Differentialgleichung der Wärmeleitung errechnete Temperaturverteilung und Wärmeleistung der Rippe mit den experimentell gefundenen Werten zu vergleichen, und zweitens die Größe der Wärmeübergangszahl für eine Reihe von Rippenanordnungen und verschiedene Geschwindigkeiten zu ermitteln. Es sollte versucht werden, eine Beziehung zu finden für die Wärmeübergangszahl in Abhängigkeit von der Geschwindigkeit und den Abmessungen der Rippenanordnung.

Die Untersuchungen wurden an Platten mit geraden Kühlrippen im Luftstrom vorgenommen. Dieser Fall ist rechnerisch und experimentell besser erfaßbar als der Fall der technisch ebenfalls sehr wichtigen Kreisrippe beim Rippenrohr. Gewisse Ergebnisse und Folgerungen lassen sich jedoch sinngemäß auf die Kreisrippe übertragen.

II. Theoretische Grundlagen.

Bei der Berechnung der Kühlrippen müssen folgende vereinfachenden Annahmen getroffen werden:
1. Die pro Zeiteinheit von der Rippenoberfläche an die Luft übergehende Wärmemenge ist proportional der Temperaturdifferenz zwischen Oberfläche und ungestörter Luftströmung.
2. Die Wärmeübergangszahl ist konstant über die ganze Rippenoberfläche.
3. Die Temperaturen sind stationär.
4. Die Temperatur am Rippenfuß ist konstant.
5. Die Temperatur über die Rippendicke ist konstant.
6. Der Einfluß der Rippenenden ist zu vernachlässigen.

Im folgenden bedeutet:

α die Wärmeübergangszahl $\left[\dfrac{\text{kcal}}{\text{m}^2 \text{h}\,^\circ\text{C}}\right]$,

λ die Wärmeleitzahl des Rippenbaustoffes $\left[\dfrac{\text{kcal}}{\text{m h}\,^\circ\text{C}}\right]$,

ϑ die Temperaturdifferenz zwischen Rippe und ungestörter Strömung [$^\circ$ C],

z_0 die halbe Rippendicke am Fuß [m],

h die Rippenhöhe [m],

y den Abstand vom Rippenfuß [m].

Die Differentialgleichung für die gerade Rechteckrippe (Abb. 1a) lautet:

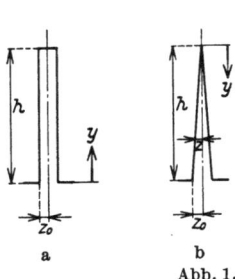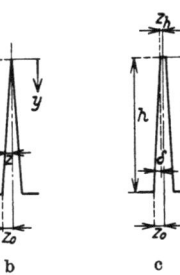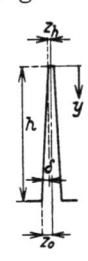

Abb. 1.

$$\frac{d}{dy}\left(\lambda z_0 \frac{d\vartheta}{dy}\right) = \alpha \vartheta,$$

$$\frac{d^2\vartheta}{dy^2} - \frac{\alpha}{\lambda z_0}\vartheta = 0.$$

Die allgemeine Lösung für ϑ ist:

$$\vartheta = A e^{\sqrt{\frac{\alpha}{\lambda z_0}}\,y} + B e^{-\sqrt{\frac{\alpha}{\lambda z_0}}\,y}.$$

Die am Rippenkopf abgeführte Wärmemenge vernachlässigen wir vorläufig. Dann lauten die Grenzbedingungen:

Für $y = 0$: $\vartheta = \vartheta_0$. Für $y = h$: $\dfrac{d\vartheta}{dy} = 0$.

Mit $m = \sqrt{\dfrac{\alpha}{\lambda z_0}}$ ergibt sich:

$$A = \vartheta_0 \frac{e^{-mh}}{e^{mh}+e^{-mh}}; \quad B = \vartheta_0 \frac{e^{mh}}{e^{mh}+e^{-mh}},$$

$$\vartheta = \vartheta_0 \frac{\mathfrak{Cof}\,m(y-h)}{\mathfrak{Cof}\,mh}.$$

Die Temperatur an der Rippenspitze für $y = h$ wird:

$$\vartheta_{RS} = \frac{\vartheta_0}{\mathfrak{Cof} \sqrt{\frac{\alpha}{\lambda z_0}} h}.$$

Die Wärmeabgabe für ein Meter Rippenflanke beträgt:

$$Q = \alpha \int_0^h \vartheta \, dy.$$

Wir führen den Ausdruck für ϑ ein und erhalten durch Integration:

$$\frac{Q}{\vartheta_0} = \sqrt{\alpha \lambda z_0} \, \mathfrak{Tg} \sqrt{\frac{\alpha}{\lambda z_0}} h \left[\frac{\text{kcal}}{\text{m h} \,^0\text{C}}\right].$$

Man kann in der Gleichung für die Wärmeleistung die Wärmemenge, die am Rippenkopf ausströmt, näherungsweise dadurch berücksichtigen, daß man für die Rippenhöhe statt h die Größe $(h + z_0)$ einsetzt.

Für die gerade Dreieckrippe (Abb. 1b) lautet die Differentialgleichung:

$$\frac{d}{dy}\left(\lambda z \frac{d\vartheta}{dy}\right) = \alpha \vartheta.$$

Die Rippendicke ist in diesem Falle eine Funktion von y.

Mit

$$z = \frac{z_0}{h} \cdot y$$

erhalten wir:

$$\frac{d^2\vartheta}{dy^2} + \frac{1}{y}\frac{d\vartheta}{dy} - \frac{\alpha \cdot h}{\lambda z_0}\frac{\vartheta}{y} = 0.$$

Wir vereinfachen die Gleichung durch die Substitution:

$$v = \frac{\alpha h}{\lambda z_0} y.$$

Es ist:

$$\frac{d^2\vartheta}{dv^2} + \frac{1}{v}\frac{d\vartheta}{dv} - \frac{\vartheta}{v} = 0.$$

Die allgemeine Lösung lautet: $\vartheta = A J_0(2i\sqrt{v}) + B N_0(2i\sqrt{v})$. J_0 und N_0 sind die Besselschen Funktionen nullter Ordnung mit imaginärem Argument.

Da ϑ für $y = 0$ positiv reell sein muß, vereinfacht sich die Lösung zu:

$$\vartheta = A J_0(2i\sqrt{v}).$$

Mit der Grenzbedingung: $\vartheta = \vartheta_0$ für $y = h$ und Wiedereinsetzen des Ausdruckes für v ergibt sich:

$$\vartheta = \vartheta_0 \frac{J_0\left(2i\sqrt{\frac{\alpha}{\lambda z_0}} \sqrt{y \cdot h}\right)}{J_0\left(2i\sqrt{\frac{\alpha}{\lambda z_0}} h\right)}.$$

Die Temperatur an der Rippenspitze für $y = 0$ ist:

$$\vartheta_{RS} = \frac{\vartheta_0}{J_0\left(2i\sqrt{\frac{\alpha}{\lambda z_0}} h\right)}.$$

Die Wärmeabgabe für ein Meter Rippenflanke beträgt:

$$Q = \alpha \int_0^h \vartheta \, dy.$$

Wir führen den Ausdruck für ϑ ein und erhalten durch Integration:

$$\frac{Q}{\vartheta_0} = \sqrt{\alpha \lambda z_0} \frac{\left[-i J_1\left(2i\sqrt{\frac{\alpha}{\lambda z_0}} h\right)\right]}{J_0\left(2i\sqrt{\frac{\alpha}{\lambda z_0}} h\right)} \left[\frac{\text{kcal}}{\text{m h} \,^0\text{C}}\right].$$

Zum Zwecke einer anschaulichen graphischen Darstellung von Temperatur und Wärmeleistung für beide Rippenformen führen wir eine neue dimensionslose Größe ein und setzen

$$u = 4F \sqrt{\frac{\alpha}{\lambda}} z_0^{-3/2}.$$

Hierin ist $F = \frac{z_0 h}{2}$.

F ist bei der Rechteckrippe gleich $1/4$ des Rippenquerschnittes. Für die Dreieckrippe ist F gleich dem halben Rippenquerschnitt.

Wir erhalten für die Wärmeleistung der Rechteckrippe:

$$\frac{Q}{\vartheta_0} = \sqrt{\alpha \lambda} \sqrt[3]{4F \sqrt{\frac{\alpha}{\lambda}}} u^{-1/3} \mathfrak{Tg}\, \frac{u}{2}.$$

Die Temperatur an der Rippenspitze beträgt:

$$\vartheta_{RS} = \frac{\vartheta_0}{\mathfrak{Cof}\, \frac{u}{2}}.$$

Die entsprechenden Ausdrücke für die Dreieckrippe lauten:

$$\frac{Q}{\vartheta_0} = \sqrt{\alpha \lambda} \sqrt[3]{4F \sqrt{\frac{\alpha}{\lambda}}} u^{-1/3} \frac{[-i J_1(iu)]}{J_0(iu)},$$

$$\vartheta_{RS} = \frac{\vartheta_0}{J_0(iu)}.$$

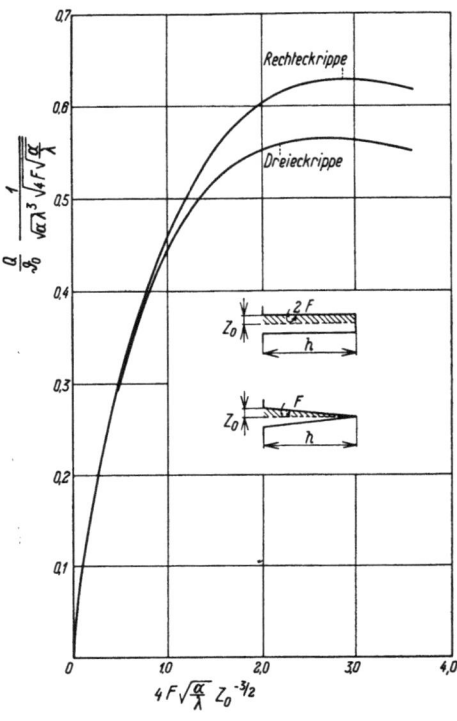

Abb. 2. Die Wärmeleistung einer geraden Rippe.

Die Gleichungen für die Wärmeleistung der Rechteck- und der Dreieckrippe entsprechen einander in ihrem Aufbau genau. Nur treten bei der Dreieckrippe an die Stelle der hyperbolischen Funktion die Besselschen Funktionen.

In Abb. 2 ist für beide Rippenformen der dimensionslose Ausdruck $\dfrac{Q}{\vartheta_0 \sqrt{\alpha \lambda} \sqrt[3]{4F \sqrt{\frac{\alpha}{\lambda}}}}$ in Abhängigkeit von u aufgetragen.

Wir erkennen, daß beide Funktionen ein Maximum besitzen. Das bedeutet, daß bei festen Werten von α, λ und F die Wärmeleistung der Rippe für ein bestimmtes Verhältnis von Rippendicke zu Rippenhöhe ein Maximum ergibt. In diesem Fall wird der Materialaufwand für eine bestimmte Wärmeleistung ein Minimum.

Gleichzeitig ersehen wir aus der graphischen Darstellung, daß die Wärmeleistung der Rechteckrippe nicht wesentlich größer ist als die Wärmeleistung der entsprechenden Dreieckrippe von gleicher Dicke am Rippenfuß und gleicher Rippenhöhe. Die Mehrleistung der Rechteckrippe gegenüber der Dreieckrippe wird in der Nähe des Maximums der beiden Funktionen am größten. Sie beträgt hier etwa 11,5%.

Diesem geringen Leistungsgewinn steht ein doppelt so großer Materialaufwand gegenüber. Aus Gründen der Materialausnutzung ist die Dreieckform der Rechteckform vorzuziehen.

In Abb. 3 ist die Rippenspitzentemperatur für die Dreieck- und für die Rechteckrippe als Funktion von u dargestellt. Hier sind die Abweichungen bedeutend größer als bei der Wärmeleistung.

Die genaue Dreieckform läßt sich in der Praxis nicht verwirklichen. Die gebräuchlichen Rippen besitzen eine endliche Dicke an der Spitze, haben also trapezförmigen Querschnitt.

Wir entnehmen dem N.A.C.A. Report Nr. 158 von Harper und Brown[1] die Gleichungen für die trapezförmige Rippe (Abb. 1c).

$$\vartheta = \vartheta_0 \frac{H_1(ib_0) J_0(ib_y) + i H_0(ib_y) i J_1(ib_0)}{H_1(ib_0) J_0(ib_h) + i H_0(ib_0) i J_1(ib_h)},$$

$$\frac{Q}{\vartheta_0} = \frac{\alpha \cdot b_h}{2 g^2 \cos \delta} \frac{H_1(ib_h) i J_1(ib_0) - i J_1(ib_h) H_1(ib_0)}{H_1(ib_0) J_0(ib_h) + i J_1(ib_0) i H_0(ib_h)} \left[\frac{\text{kcal}}{\text{m h }^\circ\text{C}}\right].$$

Hierin ist:

$$g = \sqrt{\frac{\alpha}{\lambda \sin \delta}},$$

$$b_0 = 2g \sqrt{\frac{z_h(1-\operatorname{tg}\delta)}{\operatorname{tg}\delta}},$$

$$b_y = 2g \sqrt{y + \frac{z_h(1-\operatorname{tg}\delta)}{\operatorname{tg}\delta}},$$

$$b_h = 2g \sqrt{h' + \frac{z_h(1-\operatorname{tg}\delta)}{\operatorname{tg}\delta}}.$$

Harper und Brown berücksichtigen die am Rippenkopf ausströmende Wärmemenge näherungsweise dadurch, daß sie für die Rippenhöhe statt h die Größe $(h + z_h) = h'$ einsetzen.

Die Werte für die Wärmeleistung der trapezförmigen Rippe liegen zwischen den Werten der Dreieckrippe und der Rechteckrippe, die die Grenzfälle für $z_h = 0$ und $z_h = z_0$ bilden.

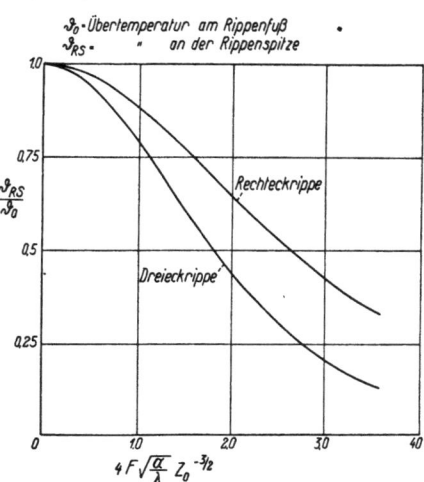

Abb. 3. Die Temperatur an der Rippenspitze.

Die zahlenmäßige Auswertung der Gleichungen von Harper und Brown ist infolge des komplizierten Ausdruckes von Besselschen Funktionen sehr umständlich. In den meisten Fällen wird man als praktische Näherung die Gleichungen für die Dreieckrippe benutzen können, vor allen Dingen dann, wenn das Verhältnis der Dicke an der Rippenspitze zur Dicke am Rippenfuß klein ist.

Wir begnügen uns mit obigen theoretischen Betrachtungen und verweisen im übrigen auf die Berechnungen von Harper und Brown in dem N.A.C.A. Report 158 und die Berechnungen von E. Schmidt[2] in der VDI-Zeitschrift 1926.

III. Versuchseinrichtung. Durchführung der Versuche.

Die Versuche wurden im kleinen Windkanal des Aerodynamischen Instituts der T. H. Aachen vorgenommen. Der Windkanal besitzt eine offene Meßstrecke und eine Düse von 500 × 300 mm. Die Luft wird von einem Schaufelventilator in geschlossenem Kreislauf gefördert. Die hohlen Umlenkschaufeln des Windkanals können an das Wasserleitungsnetz angeschlossen werden und dienen zur Kühlung der umlaufenden Luft.

Die Grobregelung der Luftgeschwindigkeit wurde durch Änderung der Klemmenspannung des Motors, die Feinregelung durch Feldstromregelung erzielt.

Es wurden eine ebene Platte ohne Rippen und sechs Rippenelemente untersucht. Die Platten wurden parallel zur Grundfläche und parallel zu den Rippen angeblasen. Die Länge in der Strömungsrichtung betrug in allen Fällen 500 mm, die Breite der Platten 210 mm. Bei den Rippenplatten wurden Rippenhöhe, Rippenabstand und Dicke am Rippenfuß variiert. In Zahlentafel 1 sind die Abmessungen der untersuchten Platten angegeben. Die ebene Platte und die Rippenplatte I bestanden aus Ultralumin, alle übrigen waren aus Silumin hergestellt. Die Wärmeleitzahl des verwendeten Baustoffes wurde von der Phys.-Techn. Reichsanstalt Berlin an Probestäben festgestellt.

---

[1] Harper, D. R., u. W. B. Brown: Mathematical Equations for Heat Conduction in the Fins of aircooled Engines. N.A.C.A. Report N. 158. Washington 1923.

[2] Schmidt, E.: Die Wärmeübertragung durch Rippen. Z. VDI 1926 S. 885 und 947.

Sie betrug für Ultralumin:
$$\lambda = 145 \left[\frac{\text{kcal}}{\text{m h }^{\circ}\text{C}}\right],$$

für Silumin:
$$\lambda = 142 \left[\frac{\text{kcal}}{\text{m h }^{\circ}\text{C}}\right].$$

Die Rippenplatten wurden durch Fräsen aus einer massiv gegossenen Platte herausgearbeitet. Auf diese Weise konnten ein genaues Rippenprofil und eine glatte Oberfläche erzielt werden.

Zahlentafel 1. Abmessungen der Versuchsplatten.

	Länge x mm	Breite b mm	a mm	a' mm	h mm	z_0 mm	z_h mm	$\beta = \frac{a'}{h}\sqrt{a'h}$ cm	$\frac{X}{\beta}$	s mm	Material
Ebene Platte	499	209	—	—	—	—	—	∞	0	10	Ultralumin
R.-Pl. I	500	210	30	28,2	45,0	1,4	0,4	2,23	22,4	10	,,
R.-Pl. II	500	210	30	24,5	45,3	5,0	0,5	1,81	27,6	10	Silumin
R.-Pl. III	500	210	15	13,0	45,2	1,5	0,5	0,698	71,7	10	,,
R.-Pl. IV	500	210	15	9,5	45,0	5,0	0,5	0,437	114,5	10	,,
R.-Pl. V	500	210	15	11,3	45,1	3,0	0,7	0,567	88,0	10	,,
R.-Pl. VI	500	210	15	12,1	22,3	2,5	0,4	0,893	56,0	10	,,

Die Versuchsplatte wurde jeweilig mit einem verschraubbaren Rahmen und einem Deckel aus dem gleichen Material zu einem flachen Kasten zusammengesetzt. Die Verschraubung wurde von der Rückseite her mittels Kopfschrauben vorgenommen, wodurch die von der Luft bestrichene Oberfläche vollkommen frei von störenden Bohrungen und Schraubenköpfen gehalten werden konnte.

Der so zusammengebaute flache Kasten war mit Öl gefüllt und besaß im Innern einen Heizwiderstand aus einzelnen, für sich abschaltbaren Konstantandrahtspiralen. Diese Heizelemente standen senkrecht zur Strömungsrichtung der Luft und ermöglichten durch Ab- oder Zuschalten einzelner Elemente eine konstante Plattentemperatur in der Strömungsrichtung, wie sie zwecks Vergleich der Resultate mit der Theorie anzustreben war. Außerdem sorgten zwei im Kasten angebrachte Rührer, die von der Rückseite des Kastens her angetrieben wurden, für eine gute Durchwirbelung des Öles.

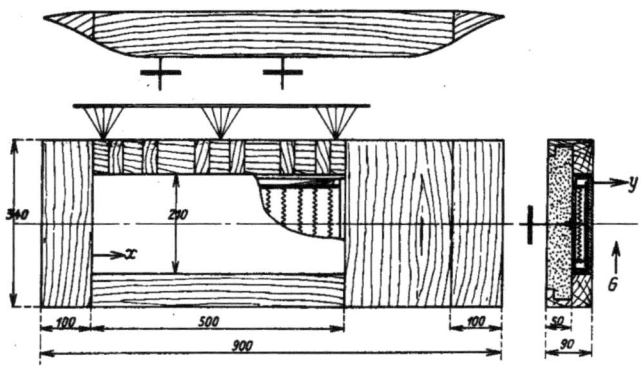

Abb. 4. Der Versuchskasten.

Die vier Schmalseiten des Versuchskastens wurden mit einem Holzrahmen verkleidet. Die Vorderseite des Rahmens war als zugespitzte Anströmkante ausgebildet. Bei den Rippenplatten wurden die Metallrippen über die Breite dieses Anströmprofils mit gleichfalls zugespitzten Holzrippen fortgeführt. Diese Anordnung diente dazu, einen störungsfreien Einlauf der Luft in den Kanal zwischen je zwei Rippen zu bewirken und eine gleichmäßige Ausbildung der Geschwindigkeitsgrenzschichten von den Rippenflanken und der Grundfläche her zu ermöglichen. An die hintere Schmalseite des Kastens schloß sich ein längeres paralleles Holzstück an. Dadurch ergab sich eine gleichmäßigere Geschwindigkeitsverteilung über den Windkanalquerschnitt. Zur Verminderung der Wärmeverluste der Versuchsanordnung war der Deckel des Versuchskastens, also die der Versuchsplatte gegenüberliegende Fläche, außen mit einer 5 cm dicken Expansitplatte belegt. Abb. 4 zeigt eine Skizze des Versuchskastens mit Verkleidung. Zwecks besserer Führung der Luft war die Platte oben und unten durch Bretter in einem Abstand, der der Düsenhöhe von 300 mm entsprach, abgedeckt.

Unter der Versuchsplatte befand sich auf einem Betonklotz ein Drehbankbett, auf dessen Support die Meßinstrumente zur Ausmessung des Geschwindigkeits- und Temperaturfeldes zwischen den Rippen befestigt werden konnten.

Bei den Hauptversuchen wurden gemessen: die Luftgeschwindigkeit, die zugeführte elektrische Leistung, die Temperatur der Grundplatte, der Rippen und des Deckels und die Lufttemperatur.

Geschwindigkeitsmessung. Zur Messung der Luftgeschwindigkeit dienten ein Prandtl-Rohr und ein Prandtl-Staudruckmesser. Durch verschiedene Maßnahmen gelang es, die geforderte konstante Geschwindigkeit der ungestörten Strömung längs der Platte zu erhalten.

Zur Ausmessung des Geschwindigkeitsfeldes zwischen den Rippen wurde ein feines Staurohr von 0,4 mm Außendurchmesser und 0,25 mm Innendurchmesser benutzt. Das Staurohr war aus einer Injektionsnadel zurechtgebogen und an ein Rohr von größerem Durchmesser angelötet. Die Öffnung des Röhrchens wurde sorgfältig abgeschliffen. Ein Vergleich mit einem normalen Pitotrohr ergab volle Übereinstimmung nach einer Einstellzeit für das dünne Röhrchen von etwa 2 Minuten.

Leistungsmessung. Die zugeführte elektrische Heizenergie wurde durch Strom- und Spannungsmessung mittels Siemens-Präzisionsinstrumenten bestimmt.

Temperaturmessung. Zur Temperaturmessung dienten Thermoelemente aus Konstantan und Manganin.

Die Thermoelemente wurden vor dem Aufbringen auf die Platte zusammengelötet und etwa 24 Stunden durch einen elektrischen Strom künstlich gealtert.

Hiernach wurden sie in einem mit Transformatorenöl gefüllten Thermostaten durch Vergleich mit einem von der Phys.-Techn. Reichsanstalt geprüften Quecksilberthermometer geeicht. Die heiße Lötstelle des Elementes wurde bei der Eichung an die Kuppe des Thermometers gedrückt und direkt in das Öl getaucht. Die kalte Lötstelle befand sich während Eichung und Versuch in einem mit gestoßenem Eis gefüllten Thermostaten.

Die Oberflächenthermoelemente wurden in Nuten eingelötet. Als Lötmaterial diente ein leichtfließendes Duraluminlot.

Um sicher zu sein, daß durch die Erwärmung der Lötstelle beim Aufbringen auf die Platte die Thermokraft keine Änderung erfahre, wurden mehrere auf die Platte gelötete Thermoelemente sorgfältig mit einem schmalen Streifen der Platte ausgeschnitten und im Thermostaten erneut geeicht. Ein Vergleich mit der vorher ermittelten Eichkurve ergab eine genaue Übereinstimmung.

Wegen der zahlreichen Temperaturmeßstellen wurde die umständliche Kompensationsmethode vermieden und statt dessen der Thermostrom mit Hilfe eines Zeigergalvanometers von Siemens & Halske mit Drehspulmeßwerk und Bändchenaufhängung gemessen. Durch entsprechende Vorschaltwiderstände konnte der Ausschlag den zu messenden Temperaturdifferenzen angepaßt werden. Die zu einer Eisstelle gehörenden Elemente besaßen alle genau gleiche Länge und konnten durch eine gemeinsame Eichkurve beschrieben werden. Der bequemeren Auswertung wegen wurde das Verhältnis von Galvanometerausschlag zu Temperaturdifferenz in Abhängigkeit vom Galvanometerausschlag aufgetragen. In dem untersuchten Temperaturbereich waren die Eichkurven linear.

Die Temperatur der Grundplatte wurde durch 12 Thermoelemente von 0,5 mm Durchmesser bestimmt, die an der Innenseite der Grundplatte eingelötet waren. Durch diese Anordnung mußte zwar die Temperatur der von der Luft bestrichenen Oberfläche durch Ermittlung des Temperaturgefälles in der Wand berechnet werden, dafür konnte jedoch eine Störung des Geschwindigkeitsfeldes vor der Platte, die bei Anordnung der Thermoelemente auf der Außenfläche eingetreten wäre, vermieden werden.

Das Temperaturgefälle in der Wand ergab sich aus der Gleichung:

$$Q_p = \frac{\lambda F_0 \Delta t}{s},$$

worin Q_p die von der Platte pro Stunde an die Luft abgegebene Wärmemenge, λ die Wärmeleitzahl des Materials, F_0 die Plattengrundfläche und s die Plattendicke bezeichnet. Das Temperaturgefälle in der Wand betrug bei den Versuchen je nach der Wärmebelastung der Platte zwischen 0,2 und 1,5% des Temperaturgefälles zwischen Grundfläche und Luft.

Die Thermoelementdrähte wurden von den Nuten aus, in denen sie eingelötet waren, in breiteren Nuten zu je vieren isoliert und unter sorgfältiger Abdichtung aus dem ölgefüllten Versuchskasten nach oben herausgeführt. Von dort aus wurden sie in verdeckten Nuten durch den Holzrahmen zum Schaltbrett geleitet.

Die Temperatur der Rippenflanke wurde an einer Rippe in verschiedenen Abständen vom Plattenanfang durch Thermoelemente von 0,3 mm Durchmesser gemessen. Hierdurch war der Temperaturverlauf in der Rippe in Strömungsrichtung und senkrecht dazu bekannt.

Die Temperatur der ungestörten Luftströmung wurde durch ein festes Thermoelement an der Düse und durch ein in Strömungsrichtung und senkrecht dazu verschiebbares Thermoelement ermittelt. Sie war bei allen Versuchen im Bereich der Versuchsplatte konstant.

Es wurde außerdem noch die Temperatur des Kastendeckels an der Rückseite und die Temperatur der Oberfläche des Holzrahmens gemessen.

Grenzschichtthermoelement. Zur Temperaturmessung in der Grenzschicht zwischen den Rippen wurde ein besonderes Thermoelement, das eine punktförmige Temperaturmessung ermöglichen sollte, entwickelt. Abb. 5 zeigt ein Schema des Grenzschichtthermoelementes.

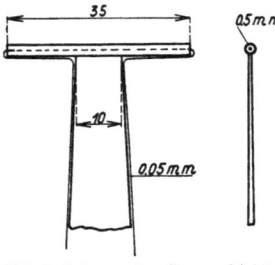

Abb. 5. Schema des Grenzschichtthermoelements.

In einem beiderseits offenen Glasröhrchen von 0,5 mm Außendurchmesser und etwa 0,3 mm lichter Weite liegt direkt bei der vorderen Öffnung die kurze Lötstelle der 0,05 mm dicken Thermoelementdrähte. Die Drähte sind, wie die Skizze zeigt, an der Außenseite des Röhrchens entlang zu dem ebenfalls aus Glas hergestellten Halter geführt. Glasröhrchen und Halter sind sorgfältig miteinander verkittet.

Dieses Thermoelement wurde durch Messungen in der Grenzschicht einer ebenen Platte und Vergleich mit einem Thermoelement bekannter Anordnung, wie es z. B. von F. Éliás[1] benutzt worden ist, geprüft. Die Meßergebnisse beider Thermoelemente für diesen zweidimensionalen Fall stimmten genau überein. Demnach konnte auch für den dreidimensionalen Fall der Grenzschicht zwischen Rippen eine für unsere Zwecke genügend genaue Temperaturmessung erwartet werden.

Verlustversuche. Die von der Versuchsplatte an die Luft abgegebene Wärme ergab sich als die Differenz zwischen der zugeführten elektrischen Heizenergie und den Wärmeverlusten der Versuchseinrichtung.

Wärmeverluste traten in der Hauptsache an der von der Luft bestrichenen Rückseite der Versuchseinrichtung und an der Vorderseite des Rahmens auf. Die Verluste an der Rückseite und an den oben und unten liegenden abgedeckten und von der Luft nicht bestrichenen Teilen des Rahmens ließen sich durch besondere Verlustversuche bestimmen.

Zu diesem Zweck wurde der Versuchskasten mit der ebenen Platte versehen und an der Vorderseite genau wie an der Rückseite isoliert, so daß die neue Anordnung um die Mittelebene des ölgefüllten Kastens symmetrisch ausgeführt war.

Es wurde die Leistungsaufnahme dieser Anordnung bei verschiedenen Luftgeschwindigkeiten ermittelt unter gleichzeitiger Bestimmung der Temperatur der Vorderseite und der Rückseite des Versuchskastens. Die Mitteltemperatur der Vorderseite war bei allen Verlustversuchen gleich der Mitteltemperatur der Rückseite. Bei einem Versuch mit der normalen Versuchsanordnung mußte der Wärmeverlust an der Rückseite und an den Schmalseiten des Holzrahmens für gleiche Übertemperatur des Kastendeckels und für gleiche Luftgeschwindigkeit gleich der halben von der neuen Anordnung aufgenommenen Leistung sein.

Die Verluste an der Vorderseite des Holzrahmens konnten auf folgende Weise bestimmt

---

[1] Éliás, F.: Die Wärmeübertragung einer geheizten Platte an strömende Luft. Z. angew. Math. Mech. 1929 Heft 6 und 1930 Heft 1.

werden. Mit Hilfe von acht Thermoelementen wurde die Temperaturverteilung an der Oberfläche des Holzrahmens gemessen. Hieraus wurde graphisch die mittlere Übertemperatur ϑ_{Ra} des Rahmens ermittelt. Die Verluste des Rahmens ergaben sich dann zu:

$$Q_{Ra} = \vartheta_{Ra} \cdot F_{Ra} \cdot \alpha.$$

Hierin ist F_{Ra} die an der Wärmeabgabe beteiligte Oberfläche des Rahmens und α die Wärmeübergangszahl, die aus den Versuchen an der ebenen Platte bestimmt wurde.

Neben den durch Leitung verursachten Verlusten traten Verluste durch Strahlung auf. Der Wärmeaustausch durch Strahlung zwischen zwei Flächen F_0 und F_1 beträgt:

$$Q_{01} = F_0 C_{01} \left[\left(\frac{T_0}{100}\right)^4 - \left(\frac{T_1}{100}\right)^4 \right] \left[\frac{\text{kcal}}{\text{h}}\right].$$

Hierbei bedeutet:

T_0 die absolute Temperatur der Plattenoberfläche [^{0} C],
T_1 die absolute Temperatur der umgebenden Flächen [^{0} C],
F_0 die Plattenoberfläche [m²],
C_{01} die wirksame Strahlungszahl $\left[\dfrac{\text{kcal}}{\text{m}^2 (^0\text{C})^4 \text{h}}\right]$.

Die wirksame Strahlungszahl läßt sich nur für einige wenige technische Fälle exakt bestimmen.

Zur Berechnung der Strahlungsverluste der ebenen Platte haben wir uns der von Nusselt[1] angegebenen Näherungsformel für C_{01} bedient.

$$C_{01} = C_0 \cdot \frac{C_1}{C_s}; \qquad C_0 = \varepsilon_0 \cdot C_s; \qquad C_1 = \varepsilon_1 \cdot C_s.$$

C_s ist die Strahlungskonstante des absolut schwarzen Körpers. $C_s = 4{,}96$.

Man kann setzen:

$$\text{für Al. poliert } \varepsilon_0 = 0{,}13 \qquad \text{für Mauerwerk } \varepsilon_1 = 0{,}93$$

$$C_{01} = \varepsilon_0 \cdot \varepsilon_1 \cdot C_s = 0{,}6 \, \frac{\text{kcal}}{\text{m}^2 (^0\text{C})^4 \text{h}}.$$

Die Strahlungsverluste für die ebene Platte betrugen 0,6 bis 1,5% der Heizenergie.

Für die Rippenplatten läßt sich die Strahlung auf einfache Weise nicht berechnen wegen der komplizierten gegenseitigen Beeinflussung der nebeneinander stehenden Rippen. Im Bereich der eingehaltenen Versuchstemperaturen konnte man die Strahlungswärme der Rippenplatten gegenüber der durch Leitung abgegebenen Wärme vernachlässigen.

Die Gesamtverluste betrugen bei den Versuchen an der ebenen Platte im Mittel etwa 18%, bei den untersuchten Rippenplatten etwa 5 bis 8% der Heizleistung.

Durchführung der Hauptversuche. Die Hauptversuche mußten nachts durchgeführt werden, weil tagsüber infolge der auftretenden Spannungsschwankungen ein Beharrungszustand der gesamten Versuchsanlage nicht zu erzielen war.

Die Platte wurde zunächst bei laufendem Rührwerk und ruhender Luft auf die gewünschte Temperatur gebracht. Dann wurde der Ventilator in Gang gesetzt und die Luftgeschwindigkeit eingestellt. Mit Hilfe der Wasserkühlung des Windkanals gelang es meistens, nach 4 bis 5 Stunden den gewünschten Beharrungszustand zu erzielen. Während des ganzen Versuches wurden Heizleistung, Luftgeschwindigkeit, Lufttemperatur und Plattentemperatur beobachtet. Erst wenn die Temperaturen zwei Stunden lang unverändert geblieben waren, wurde der Versuch abgeschlossen.

IV. Versuchsergebnisse. Auswertung.

Es wurden eine ebene Platte und sechs Rippenplatten bei Luftgeschwindigkeiten von 9 bis 42 m/sec untersucht. Die Temperaturdifferenz ϑ_0 zwischen Grundplatte und Luft betrug bei allen Versuchen 36 bis 40° C. Bei der Auswertung wurden für die Stoffwerte der Luft die Werte eingesetzt, die der Temperatur $\dfrac{t_0 + t_L}{2}$ entsprachen.

---

[1] Hütte Bd. I. 26. Aufl. S. 506.

Zahlentafel 2. Versuchswerte für die untersuchten Platten.
Ebene Platte $n = 0{,}22$.

U m/sec	Re	Pe	α_0 $\frac{\text{kcal}}{\text{m}^2\,\text{h}\,°\text{C}}$	α $\frac{\text{kcal}}{\text{m}^2\,\text{h}\,°\text{C}}$	$\dfrac{\alpha}{3600\,C\,U}$	$\dfrac{\alpha\left(\dfrac{UX}{\nu}\right)^n}{3600\,C\,U}$	Mittelwert
9,5	2,78·10⁵	2,01·10⁵	34,8		0,00382	0,0603	
12,55	3,72·10⁵	2,7 ·10⁵	42,7		0,00352	0,0592	
15,05	4,4 ·10⁵	3,2 ·10⁵	50,7		0,00350	0,0608	
19,15	5,63·10⁵	4,08·10⁵	60,0		0,00325	0,0597	
19,3	5,61·10⁵	4,08·10⁵	60,9		0,00328	0,0602	
24,7	7,1 ·10⁵	5,16·10⁵	73,5		0,00312	0,0603	
28,6	8,18·10⁵	5,96·10⁵	81,9		0,00302	0,0601	
33,9	9,5 ·10⁵	6,95·10⁵	94,2		0,00293	0,0606	
41,7	11,45·10⁵	8,33·10⁵	110,5		0,00285	0,0612	0,0603
Rippenplatte I. $n = 0{,}195$.							
9,1	2,6 ·10⁵	1,87·10⁵	105,0	29,5	0,00341	0,0389	
14,8	4,33·10⁵	3,16·10⁵	149,5	44,1	0,00305	0,0384	
19,8	5,75·10⁵	4,19·10⁵	182,0	55,6	0,00291	0,0386	
25,6	7,46·10⁵	5,42·10⁵	216,0	68,5	0,00275	0,0384	
34,8	9,8 ·10⁵	7,07·10⁵	259,5	85,2	0,00260	0,0383	0,0385
Rippenplatte II. $n = 0{,}187$.							
8,9	2,58·10⁵	1,87·10⁵	100,3	28,2	0,00331	0,0340	
14,7	4,27·10⁵	3,09·10⁵	148,0	42,1	0,00299	0,0338	
19,9	5,75·10⁵	4,17·10⁵	188,5	54,3	0,00286	0,0340	
19,9	5,62·10⁵	4,08·10⁵	186,0	53,6	0,00286	0,0339	
25,7	7,32·10⁵	5,3 ·10⁵	229,0	67,0	0,00274	0,0342	
34,9	9,7 ·10⁵	6,97·10⁵	286,0	84,8	0,00260	0,0342	
42,0	11,6 ·10⁵	8,43·10⁵	328,5	98,8	0,00251	0,0341	0,0340
Rippenplatte III. $n = 0{,}14$.							
9,1	2,6 ·10⁵	1,88·10⁵	152,0	24,4	0,00286	0,0164	
14,95	4,38·10⁵	3,18·10⁵	230,5	38,8	0,00268	0,0165	
20,0	5,87·10⁵	4,26·10⁵	284,0	49,5	0,00256	0,0164	
25,6	7,30·10⁵	5,25·10⁵	341,0	61,4	0,00254	0,0167	
30,1	8,90·10⁵	6,40·10⁵	387,0	71,7	0,00245	0,0167	
35,0	10,15·10⁵	7,38·10⁵	428,0	81,0	0,00239	0,0166	
41,0	12,0 ·10⁵	8,7 ·10⁵	466,0	90,0	0,00228	0,0162	0,0165
Rippenplatte IV. $n = 0{,}122$.							
9,1	2,63·10⁵	1,91·10⁵	135,0	22,2	0,00255	0,0117	
15,0	4,26·10⁵	3,08·10⁵	208,0	34,6	0,00245	0,0116	
18,8	5,61·10⁵	4,05·10⁵	259,0	43,3	0,00237	0,0119	
20,0	5,78·10⁵	4,18·10⁵	273,0	45,7	0,00238	0,0120	
25,6	7,37·10⁵	5,34·10⁵	334,0	56,4	0,00230	0,0119	
30,1	8,62·10⁵	6,25·10⁵	379,0	64,8	0,00226	0,0119	
34,7	9,7 ·10⁵	7,07·10⁵	425,0	73,5	0,00224	0,0120	
41,2	11,23·10⁵	8,2 ·10⁵	472,0	82,7	0,00218	0,0119	0,0119
Rippenplatte V. $n = 0{,}13$.							
9,1	2,66·10⁵	1,91·10⁵	152,0	23,9	0,00276	0,0140	
15,1	4,42·10⁵	3,19·10⁵	238,0	38,1	0,00263	0,0143	
15,1	4,44·10⁵	3,2 ·10⁵	235,5	37,7	0,00261	0,0142	
20,0	5,85·10⁵	4,22·10⁵	300,0	49,1	0,00256	0,0144	
20,0	5,85·10⁵	4,22·10⁵	299,0	49,0	0,00256	0,0144	
25,5	7,37·10⁵	5,34·10⁵	358,0	59,9	0,00247	0,0143	
25,6	7,52·10⁵	5,45·10⁵	363,0	60,7	0,00245	0,0142	
30,2	8,67·10⁵	6,28·10⁵	401,0	68,0	0,00238	0,0141	
34,8	9,9 ·10⁵	7,17·10⁵	445,0	76,8	0,00235	0,0142	
41,2	11,63·10⁵	8,43·10⁵	507,0	89,0	0,00229	0,0141	0,0142
Rippenplatte VI. $n = 0{,}157$.							
9,3	2,64·10⁵	1,91·10⁵	96,0	26,4	0,00300	0,0212	
14,8	4,28·10⁵	3,1 ·10⁵	143,0	39,6	0,00280	0,0213	
20,55	5,82·10⁵	4,22·10⁵	184,0	51,2	0,00265	0,0212	
25,7	7,26·10⁵	5,26·10⁵	218,0	61,2	0,00253	0,0210	
30,2	8,53·10⁵	6,18·10⁵	249,5	70,4	0,00246	0,0209	
35,7	9,86·10⁵	7,16·10⁵	280,0	79,5	0,00239	0,0209	
42,1	11,58·10⁵	8,42·10⁵	324,0	92,7	0,00236	0,0211	0,0211

t_0 = Temperatur der Plattenoberfläche F_0,
t_L = Temperatur der ungestörten Luftströmung.

Die ebene Platte. Die Ergebnisse für die ebene Platte sind in Abb. 6 zum Vergleich mit der Theorie und den Messungen von Jürges[1] dargestellt. (Zahlentafel 2).

Für den turbulenten Bereich ist die Wärmeabgabe einer ebenen Platte von v. Kármán und Latzko[2] auf Grund der Analogie zwischen Reibungs- und Wärmeübertragung berechnet worden. Diese Analogie gilt exakt nur für den Fall, daß die Reynoldssche Zahl $Re = \dfrac{UX}{\nu}$ und die Pecletsche Zahl $Pe = \dfrac{UXC}{\lambda_L}$ gleich sind.

Hierin bedeuten:
U die Geschwindigkeit der freien Strömung [m/sec],
X die Plattenlänge in der Strömungsrichtung [m],
ν die kinematische Zähigkeit der Luft $\left[\dfrac{m^2}{sec}\right]$,
C die spez. Wärme der Luft $\left[\dfrac{kcal}{m^3\,°C}\right]$,
λ_L die Wärmeleitzahl der Luft $\left[\dfrac{kcal}{m\,h\,°C}\right]$.

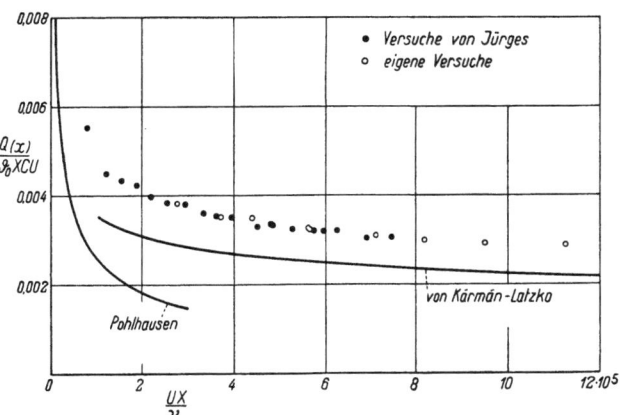

Abb. 6. Wärmeübergangszahlen für die ebene Platte.

Unter dieser Annahme ergab die Rechnung von v. Kármán und Latzko für die von einem Plattenstreifen der Breite 1 bis zur Stelle X abgeführte Wärme:

$$Q_{(X)} = 0{,}0356\, CU\vartheta_0 X\left(\dfrac{1}{Re}\right)^{1/5} \left[\dfrac{kcal}{m\,sec}\right].$$

Die in der Praxis gebräuchliche Wärmeübergangszahl α in $\dfrac{kcal}{m^2\,h\,°C}$ ist:

$$\alpha = \dfrac{Q_{(X)} \cdot 3600}{\vartheta_0 X} = 3600 \cdot 0{,}0356\, CU\left(\dfrac{1}{Re}\right)^{1/5}.$$

Eine Analogie zwischen Reibungs- und Wärmeübertragung kann nur dann vorhanden sein, wenn den beiden Vorgängen die gleichen Grenzbedingungen eigen sind, d. h. wenn der Beginn der thermischen mit dem Beginn der hydrodynamischen Einwirkung zusammenfällt. Bei unseren Versuchen war diese Bedingung nicht erfüllt, da wir der wärmeabgebenden Platte eine ungeheizte 10 cm lange Anströmkante vorgeschaltet hatten. Die ungeheizte Anlauflänge betrug bei Jürges 31 cm, die Länge seiner geheizten Platte wie bei uns 50 cm. Diese Abweichung der Versuchsbedingungen von den Voraussetzungen der Theorie müßte eine kleinere Wärmeübergangszahl gegenüber der Rechnung ergeben. Es scheint jedoch, daß dieser Einfluß vernachlässigbar klein ist[3].

Abb. 6 zeigt die dimensionslose Größe $\dfrac{Q_{(X)}}{\vartheta_0 CU}$ in Abhängigkeit von der Reynoldsschen Zahl. Meine eigenen Versuche stimmen sehr gut mit den von Jürges angestellten Versuchen überein. Ebenfalls ist der Verlauf der gemessenen Kurve dem Verlauf der theoretischen analog. Die beträchtliche zahlenmäßige Abweichung von der theoretischen Kurve, die der nach obiger Betrachtung zu erwartenden entgegengesetzt ist, läßt sich vermutlich daraus erklären, daß die Annahme $\dfrac{Re}{Pe} = \varepsilon = 1$ nicht zutrifft.

---

[1] Jürges, W.: Der Wärmeübergang an einer ebenen Wand. Beih. z. Gesundh.-Ing. München: Oldenbourg 1924.
[2] v. Kármán, Th.: Über laminare und turbulente Reibung. Abhdl. d. Aerodyn. Inst. d. T. H. Aachen, Heft 1 S. 1. Latzko, H.: Der Wärmeübergang an einen turbulenten Flüssigkeits- oder Gasstrom. Abhdlg. d. Aerodyn. Inst. d. T. H. Aachen, Heft 1 S. 36.
[3] s. a. F. Éliás: Anm. 1 S. 10.

Bei meinen Versuchen war $\varepsilon = 1,38$. An und für sich liegt unter diesen Umständen schon eine gewisse Willkür darin, daß in der Formel die Reynoldssche Zahl steht. Wenn man statt der Reynoldsschen Zahl die Pécletsche Zahl einsetzt, so ändert sich die Wärmeübergangszahl im Verhältnis $\sqrt[5]{\varepsilon} = \sqrt[5]{1,38} = 1,065$. Die theoretische Kurve kommt hierbei den Meßpunkten um 6,5% näher. — Die in das Schaubild eingezeichnete theoretische Kurve von Pohlhausen[1] gilt für den laminaren Bereich. Hierfür ist:

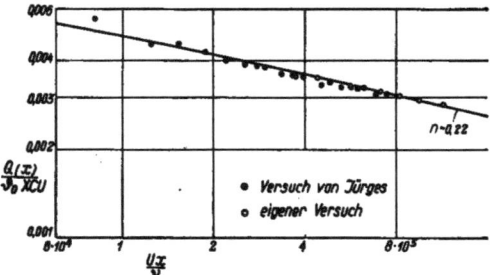

Abb. 7. Wärmeübergangszahlen für die ebene Platte.

$$Q_{(X)} = A(\sigma) \lambda_L \vartheta_0 (Re)^{1/2}.$$

$$\sigma = \frac{1}{\varepsilon} = 0,73 \text{ für unseren Fall.}$$

$$A(\sigma) = 0,594.$$

Meine eigenen Meßpunkte liegen alle im turbulenten Gebiet.

In Abb. 7 sind die Versuchsergebnisse in logarithmischem Maßstab aufgetragen. Sie lassen sich durch eine Gerade wiedergeben.

Der Exponent n in der Gleichung

$$\frac{Q_{(X)}}{\vartheta_0 X C U} = \text{const} \left(\frac{1}{Re}\right)^n$$

ergibt sich zu 0,22. In der Kármán-Latzkoschen Formel war $n = 0,2$.

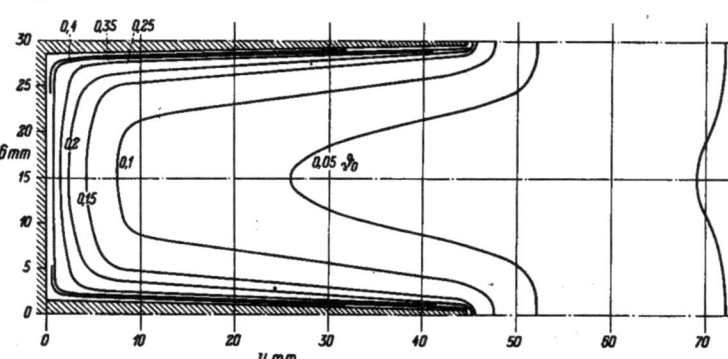

Abb. 8. Die Temperaturverteilung in der Luft zwischen den Rippen. Rippenplatte I.
$\vartheta_0 = 39,2°$ C; $U = 25,6$ m/sec.

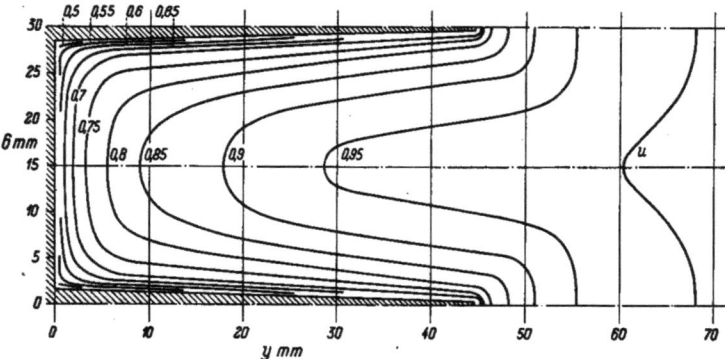

Abb. 9. Die Geschwindigkeitsverteilung zwischen den Rippen. Rippenplatte I.
$U = 25,6$ m/sec.

Die Rippenplatten. Durch Vergleich der gemessenen Temperaturen und Wärmeleistungen der Rippenplatten mit der Rechnung sollte festgestellt werden, wieweit die bei der Theorie der Rippen getroffenen Vernachlässigungen und Annahmen für die praktische Berechnung der Wärmeleistung und der Temperaturverhältnisse zulässig sind.

Die Annahmen 1 und 3 bis 6, siehe Seite 4, sind bei meinen Versuchen und auch in den meisten Fällen der Praxis weitgehend erfüllt.

Die Annahme 2, daß die Wärmeübergangszahl α über die ganze Rippenoberfläche konstant sei, trifft jedoch nicht zu.

Die Wärmeübergangszahl ist zunächst in Strömungsrichtung längs der Platte veränderlich. Sie ist am Plattenanfang am größten und fällt zum Plattenende hin ab. Die Ergebnisse der ebenen Platte geben ein Bild für den Verlauf der Wärmeübergangszahl mit der Plattenlänge.

---

[1] Pohlhausen, E.: Der Wärmeaustausch zwischen festen Körpern und Flüssigkeiten mit kleiner Reibung und kleiner Wärmeleitung. Z. angew. Math. Mech. 1921 S. 120.

Hierzu kommt noch die Veränderlichkeit von α über die Rippenflanke senkrecht zur Strömungsrichtung.

Die Untersuchung des Geschwindigkeits- und des Temperaturfeldes in der Luft zwischen den Rippen hat ergeben, daß die Geschwindigkeit am Rippenfuß vermindert und die Temperatur erhöht ist gegenüber den Verhältnissen an der Spitze. In Abb. 8 und 9 sind als Beispiel für die Rippenplatte I die Linien gleicher Temperatur bzw. gleicher Geschwindigkeit zwischen den Rippen bei $\vartheta_0 = 39{,}2°C$ und $U = 25{,}6$ m/sec gezeichnet. In allen untersuchten Fällen nehmen Temperatur- und Geschwindigkeitsgradient senkrecht zur Rippenoberfläche von der Rippenspitze zum Rippenfuß hin ab.

Hieraus läßt sich schließen, daß auch die Wärmeübergangszahl von der Rippenspitze zum Rippenfuß hin abnimmt.

Harper und Brown schätzen die Abnahme von α vom Rippenkopf bis zum Rippenfuß auf höchstens 10 bis 15%. Erheblich größere Abweichungen ermittelt Bogaerts[1] aus der gemessenen Temperaturverteilung in einer Kreisrippe. Bei ihm beträgt die maximale Differenz ungefähr 50%. Außerdem liegt bei ihm das Maximum nicht am Rippenkopf sondern etwa $^1/_3$ bis $^1/_2$

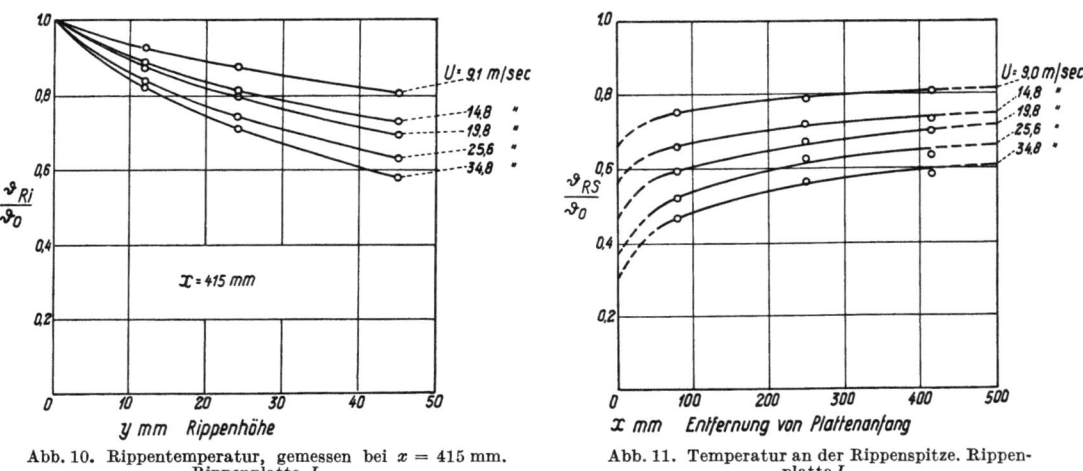

Abb. 10. Rippentemperatur, gemessen bei $x = 415$ mm. Rippenplatte I.

Abb. 11. Temperatur an der Rippenspitze. Rippenplatte I.

der Rippenhöhe vom Rippenfuß entfernt. Auf welche Einflüsse dieses überraschende Ergebnis zurückzuführen ist, läßt sich vorläufig nicht mit Bestimmtheit feststellen. Für die von uns untersuchten Rippenanordnungen läßt die Tatsache, daß Theorie und Versuch weitgehend übereinstimmen, eine solch starke Veränderlichkeit von α über die Rippenhöhe nicht vermuten.

Die Rippentemperaturen. In Abb. 10 bis 15 sind Beispiele der gemessenen Temperaturkurven für die verschiedenen Rippenplatten und Geschwindigkeiten dargestellt, und zwar der Temperaturverlauf über die Rippenhöhe für die Meßstelle $x = 420$ mm und der Temperaturverlauf in der Rippenspitze über die Plattenlänge. Die Temperatur der Rippenflanke nimmt mit wachsender Luftgeschwindigkeit ab. Die Temperaturabnahme d. h. die Abnahme der Wirksamkeit der Rippenoberfläche ist um so größer je dünner die Rippe ist. Die Temperatur an der Rippenspitze für eine bestimmte Geschwindigkeit steigt mit wachsender Entfernung vom Plattenanfang zunächst schnell, nachher langsamer an. Hier zeigt sich der Einfluß der Veränderlichkeit der Wärmeübergangszahl mit der Plattenlänge.

Zum Vergleich der Meßergebnisse mit der Rechnung sind wir nun wie folgt vorgegangen: Es wurde ein Mittelwert für α über die ganze Oberfläche der Rippenanordnung, also Rippenflanken einschließlich der Flächen zwischen den Rippen, ermittelt. Hierzu wurde die Mitteltemperatur der Gesamtoberfläche aus den gemessenen Temperaturkurven bestimmt.

---

[1] Bogaerts, M.: Het Temperatuursverloop in Koelribben en de Berekening dezer Ribben. Delft: W. D. Meinema.

16 Hans Doetsch:

Im folgenden ist:

ϑ die mittlere Übertemperatur der Gesamtoberfläche [° C],

α der Mittelwert der Wärmeübergangszahl für die Gesamtoberfläche $\left[\dfrac{\text{kcal}}{\text{m}^2\,\text{h}\,°\text{C}}\right]$,

F die Gesamtoberfläche [m²],

$Q_{(X)}$ die pro 1 m Oberflächenbreite, pro Sekunde und bis zur Stelle X abgegebene Wärmemenge $\left[\dfrac{\text{kcal}}{\text{m sec}}\right]$,

ϑ_0 die Übertemperatur der Grundfläche [° C],

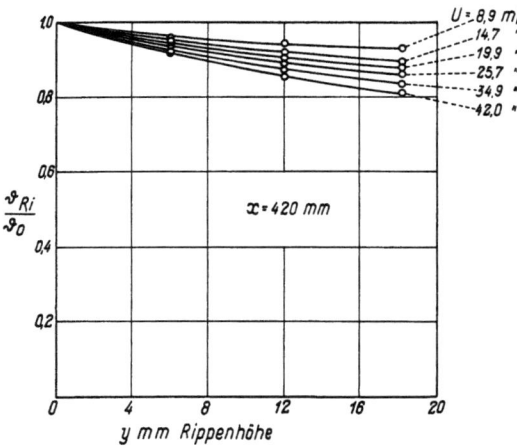

Abb. 12. Rippentemperatur, gemessen bei $x = 420$ mm. Rippenplatte *II*.

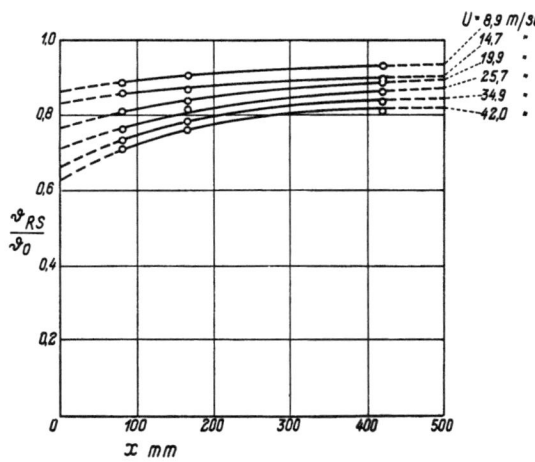

Abb. 13. Temperatur an der Rippenspitze. Rippenplatte *II*.

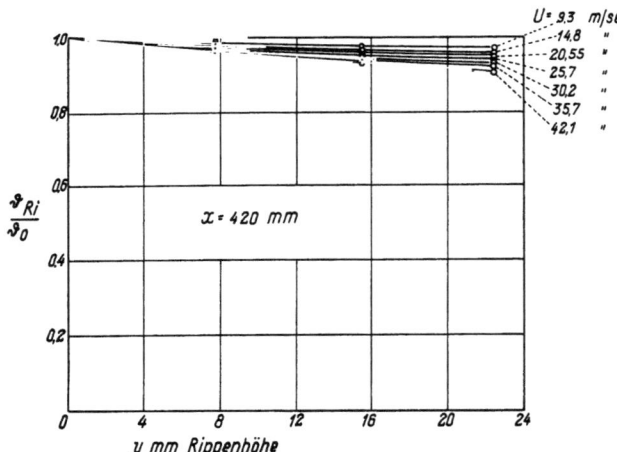

Abb. 14. Rippentemperatur, gemessen bei $x = 420$ mm. Rippenplatte *VI*.

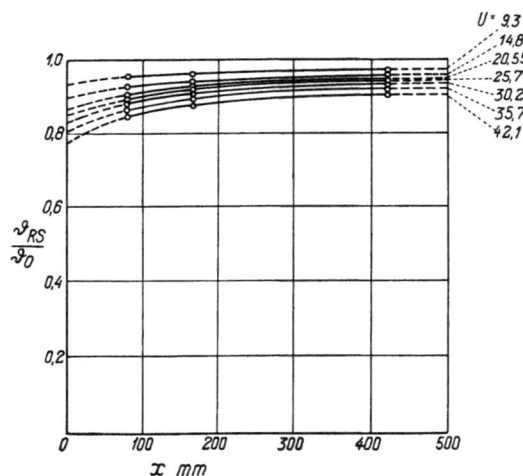

Abb. 15. Temperatur der Rippenspitze. Rippenplatte *VI*.

α_0 die Wärmeübergangszahl, bezogen auf die Grundfläche $\left[\dfrac{\text{kcal}}{\text{m}^2\,\text{h}\,°\text{C}}\right]$,

F_0 die Grundfläche = Fläche der ebenen Platte [m²],

Q_p die von der Versuchsplatte abgegebene Wärme $\left[\dfrac{\text{kcal}}{\text{h}}\right]$.

Aus der Gleichung
$$\alpha F \vartheta = \alpha_0 F_0 \vartheta_0 = Q_p$$
ergibt sich:
$$\alpha = \alpha_0 \frac{F_0}{F} \frac{\vartheta_0}{\vartheta} = \frac{Q_p}{F \vartheta}.$$

Mit diesem so ermittelten Wert für α wurde gemäß der oben abgeleiteten Gleichung für die Dreieckrippe:

$$\frac{\vartheta}{\vartheta_0} = \frac{J_0\left(2i\sqrt{\frac{\alpha}{\lambda z_0}}\sqrt{y \cdot h}\right)}{J_0\left(2i\sqrt{\frac{\alpha}{\lambda z_0}}\,h\right)}$$

der Temperaturverlauf in der Rippe errechnet. Abb. 16 bis 21 zeigen die errechneten und gemessenen Temperaturen.

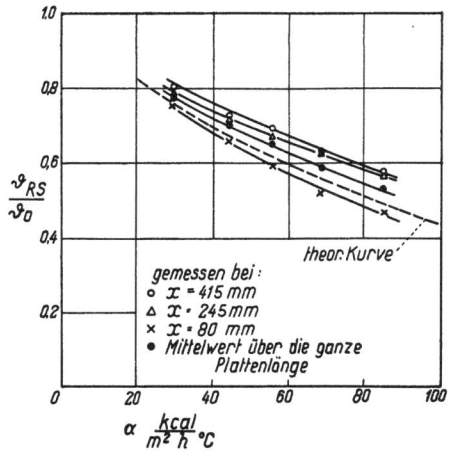

Abb. 16. Rippenplatte *I*. Temperatur an der Rippenspitze. Vergleich zwischen Rechnung und Versuch.

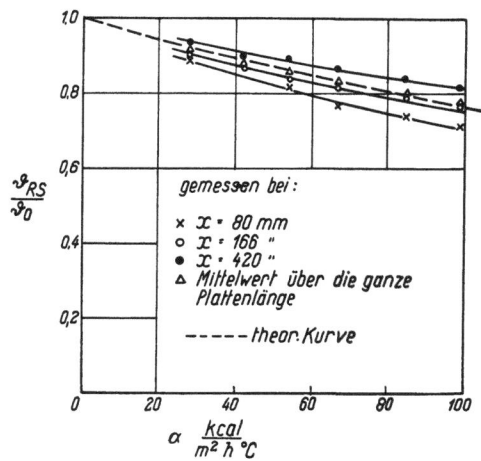

Abb. 17. Rippenplatte *II*. Temperatur an der Rippenspitze. Vergleich zwischen Rechnung und Versuch.

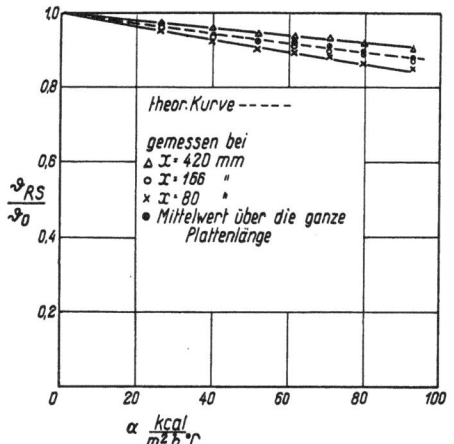

Abb. 18. Rippenplatte *VI*. Temperatur an der Rippenspitze. Vergleich zwischen Rechnung und Versuch.

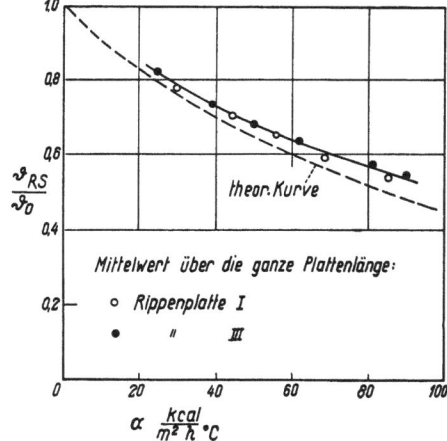

Abb. 19. Temperatur an der Rippenspitze. Vergleich zwischen Rippenplatte *I* und *III*.

Die Temperatur an der Rippenspitze ist in Abhängigkeit von der mittleren der Rechnung zugrunde gelegten Wärmeübergangszahl aufgetragen. Infolge der Veränderlichkeit von α über die Plattenlänge können die an den Stellen $x = 80$, $x = 166$, $x = 250$ und $x = 420$ mm gemessenen Werte mit dem errechneten Wert nicht übereinstimmen. Es wurde deshalb der Mittelwert der Rippenspitzentemperatur über die Plattenlänge aus den Messungen gebildet. Ein Vergleich der so gefundenen mittleren Temperaturen an der Rippenspitze mit der theoretischen Kurve für die Dreieckrippe zeigt befriedigende Übereinstimmung.

In den beigefügten Abbildungen ist der Temperaturverlauf über die Rippenhöhe für verschiedene Fälle ebenfalls mit der Rechnung verglichen worden. Es sind die bei $x = 166$ mm und bei $x = 420$ mm gemessenen Temperaturen eingezeichnet. Auch hier können die experimentellen Werte bei $x = 166$ mm und $x = 420$ mm infolge der Veränderlichkeit von α mit der Plattenlänge nicht genau mit dem Ergebnis der Rechnung übereinstimmen. Die theoretische Kurve liegt zwischen den beiden gemessenen Kurven. Man erkennt leicht, daß auch hier der theoretische Wert als Mittelwert über die Plattenlänge die Verhältnisse gut wiedergibt.

Bei allen untersuchten Rippen zeigt der gemessene Temperaturverlauf über die Rippenhöhe eine systematische Abweichung von der theoretischen Kurve. Die experimentelle Kurve weist stets eine stärkere Krümmung auf, während die theoretische Kurve sich mehr einer Geraden nähert. Diese Abweichung ist am stärksten bei den Kurven für die Rippenplatten *I* und *III*, die Rippen gleicher Abmessungen besaßen; nur betrug bei Rippenplatte *I* der Rippenabstand 30 mm und bei Rippenplatte *III* 15 mm. Ein Vergleich der Rippenspitzentemperatur für die beiden Platten untereinander in Abb. 19 zeigt gute Übereinstimmung.

Die Abweichung der experimentellen Kurve von der theoretischen ist durch den Einfluß der endlichen Dicke an der Rippenspitze zu erklären. Die untersuchten Rippen hatten an der Rippenspitze eine Dicke von 0,8 bis 1,0 mm. Bei den Rippenplatten *I* und *III*, die die größte Ab-

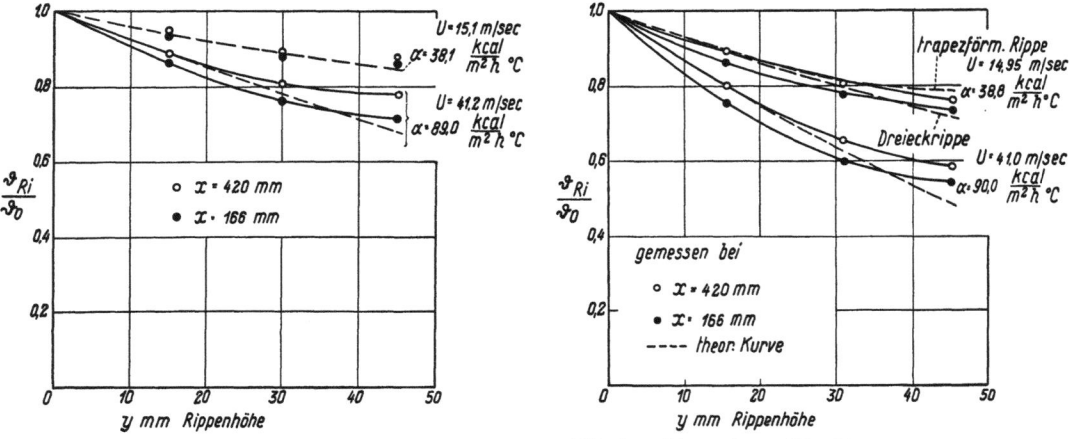

Abb. 20. Rippenplatte *V*. Rippentemperatur. Vergleich zwischen Rechnung und Versuch.

Abb. 21. Rippenplatte *III*. Rippentemperatur. Vergleich zwischen Rechnung und Versuch.

weichung zwischen Theorie und Versuch zeigen, ist das Verhältnis der Dicke an der Spitze zur Dicke am Rippenfuß $\dfrac{z_h}{z_0}$ am größten.

In einem Fall wurde der Temperaturverlauf für die genaue Trapezform nach den oben angegebenen Gleichungen berechnet.

In Abb. 21 sind die theoretischen Kurven für die Dreieck- und die Trapezform eingezeichnet. Wir finden die Annahme, daß die stärkere Krümmung der Temperaturkurve von der endlichen Dicke der Rippenspitze herrühre, bestätigt. Die berechnete Kurve für die Trapezform zeigt eine noch etwas stärkere Krümmung und eine höhere Rippenspitzentemperatur als die gemessene Kurve, so daß die gemessene mittlere Rippenspitzentemperatur zwischen den theoretischen Werten für die dreieckige und für die trapezförmige Rippe liegt.

Daß die theoretische Kurve für die Trapezform an der Rippenspitze über der gemessenen Kurve liegt, ist eine Folge der in die Differentialgleichung eingeführten vereinfachenden Grenzbedingung, daß an der Rippenspitze $\dfrac{d\vartheta}{dy} = 0$ sein soll. Das bedeutet, daß die am Rippenkopf abgeführte Wärme vernachlässigt wird.

Die exakte Bedingung müßte lauten:
$$\lambda \frac{d\vartheta}{dy} = \alpha \vartheta.$$

Hiermit würden die Gleichungen für die trapezförmige Rippe, die in der vorliegenden Form schon sehr unhandlich sind, noch komplizierter werden.

In den meisten praktischen Fällen wird es möglich sein, für nicht zu große Werte von $\dfrac{z_h}{z_0}$ die Gleichungen für die Dreieckrippe zu benutzen. Wenn auch die errechneten Temperatur-

Die Wärmeübertragung von Kühlrippen an strömende Luft.

kurven für die beiden Rippenformen die oben gezeigten Abweichungen aufweisen, so ergibt doch die Berechnung der Wärmeleistung der Rippen nur sehr geringe Unterschiede. Für den oben erwähnten Fall.

R.-Pl. III.
$$U = 14{,}95 \text{ m/sec},$$
$$\alpha = 38{,}8 \left[\frac{\text{kcal}}{\text{m}^2 \text{h}\,^0\text{C}}\right]$$

ist unter Zugrundelegung der Gleichungen für die trapezförmige Rippe die Wärmeleistung der Rippenplatte berechnet worden zu:
$$\alpha_0 = 234{,}5 \left[\frac{\text{kcal}}{\text{m}^2 \text{h}\,^0\text{C}}\right].$$

Die näherungsweise Berechnung mit Hilfe der Gleichungen für die Dreieckrippe ergab:
$$\alpha_0 = 231 \left[\frac{\text{kcal}}{\text{m}^2 \text{h}\,^0\text{C}}\right].$$

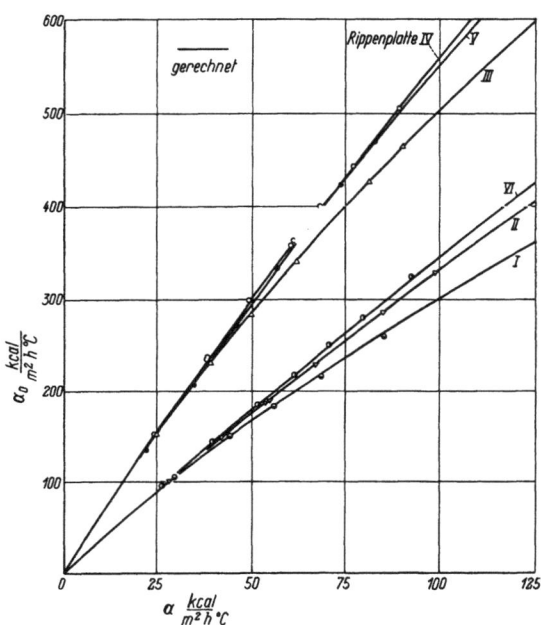

Abb. 22. Die Wärmeleistungen der Versuchsplatten. Vergleich zwischen Rechnung und Versuch.

Der Unterschied beträgt 1,5%. Für diesen Fall ist die Größe u in Abb. 2, die die Kurven für die Wärmeleistung der Dreieck- und der Rechteckrippe zeigt, gleich 1,22. Für wachsendes u, also bei gleichem Rippenprofil für wachsendes α, wird der Unterschied zwischen der Näherungsrechnung und der genaueren Rechnung etwas ansteigen.

Die Wärmeleistung von Rippenplatten. Die Wärmeleistung einer mit Rippen besetzten ebenen Platte setzt sich zusammen aus der von den Rippen und der von den Flächenstücken der Grundplatte zwischen den Rippen abgegebenen Wärme.

Unter der Annahme einer überall gleichen Wärmeübergangszahl beträgt die von der Rippenplatte abgeführte Wärme:

$$Q_p = 2\,n\,X \left(\frac{Q}{\vartheta_0}\right) \vartheta_0 + (b - 2\,n\,z_0)\,X\,\vartheta_0\,\alpha = \alpha_0 F_0 \vartheta_0.$$

Hierin bedeutet:
n die Anzahl der Rippen,
X Länge in Strömungsrichtung,
$\dfrac{Q}{\vartheta_0}$ die Wärmeleistung pro Meter Rippenflanke kcal/m h ^{0}C,
b die Breite der Rippenplatte,
z_0 die halbe Dicke der Rippen am Fuß.

Hieraus ergibt sich:
$$\alpha_0 = \frac{2\,n\,X}{F_0}\left(\frac{Q}{\vartheta_0}\right) + \frac{(b - 2\,n\,z_0)\,X}{F_0}\,\alpha.$$

Wenn man den Wert $\dfrac{Q}{\vartheta_0}$ für die Dreieckrippe einsetzt, erhält man:

$$\alpha_0 = \frac{2\,n\,X}{F_0}\sqrt{\alpha\,\lambda\,z_0}\,\frac{-i\,J_1\left(2\,i\sqrt{\dfrac{\alpha}{\lambda\,z_0}}\,h\right)}{J_0\left(2\,i\sqrt{\dfrac{\alpha}{\lambda\,z_0}}\,h\right)} + \frac{(b - 2\,n\,z_0)\,X}{F_0}\,\alpha.$$

Mit Hilfe dieser Formel wurden die Kurven in Abb. 22, α_0 in Abhängigkeit von α, für die untersuchten Rippenplatten berechnet. In das Schaubild sind die gemessenen Werte von α_0 über der jeweilig aus der Mitteltemperatur der Gesamtoberfläche auf die oben angegebene Weise ermittelten Wärmeübergangszahl α eingezeichnet. Für alle untersuchten Rippenplatten zeigen die Versuchswerte von $α_0$ eine gute Übereinstimmung mit der Rechnung. Damit ergibt sich, daß die Berechnung der Wärmeleistung von Rippenplatten unter Benutzung obiger Formel und Einsetzen eines mittleren Wertes für α zulässig ist.

Die Vorausberechnung der mit einer bestimmten Geschwindigkeit angeblasenen Rippenanordnung wird also möglich, wenn die mittlere Wärmeübergangszahl α für die betreffende

Zahlentafel 3. Versuche von Taylor und Rehbock.

Rippenabstand a engl. Zoll	$1/2$	$1/3$	$1/4$	$1/6$	$1/7$	$1/8$	$1/9$	$1/10$	$1/12$
$\dfrac{x}{\beta}$	18,0	34,0	54,5	106,7	140	177	218	266	376
n	0,2	0,18	0,16	0,123	0,12	0,12	0,12	0,12	0,12
$\dfrac{\alpha \left(\dfrac{UX}{v}\right)^n}{3600\,CU}$ Mittelwert	0,0367	0,0283	0,0206	0,0120	0,0121	0,0114	0,0113	0,0106	0,0091

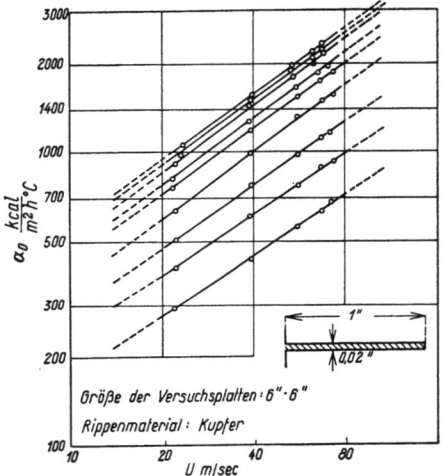

Abb. 23. Die Wärmeleistungen der Rippenplatten von Taylor und Rehbock. Versuchsergebnisse.

Anordnung bekannt ist. Auf Grund der Meßergebnisse habe ich versucht, eine für die verschiedensten Rippenanordnungen und Geschwindigkeiten gültige empirische Formel für α zu finden.

Hierzu habe ich die Messungen von Taylor und Rehbock[1] an Rippenelementen hinzugezogen und mit den eigenen Ergebnissen verglichen. Die Messungen von Taylor und Rehbock wurden in einem geschlossenen Kanal an Kupferplatten bei Geschwindigkeiten von 20 bis 70 m/sec vorgenommen (Zahlentafel 3). Die Platten hatten eine Größe von 6 engl. Zoll mal 6 engl. Zoll. Die Rippen besaßen rechteckigen Querschnitt. Ihre Dicke betrug 0,2″, ihre Höhe 1″. Es wurden neun Platten mit Rippenabständen von $1/2$ bis $1/12$″ untersucht. In Abb. 23 sind die Ergebnisse von Taylor und Rehbock aufgetragen. Wir finden dort $α_0$ in Abhängigkeit von der Luftgeschwindigkeit U.

Da Taylor und Rehbock die mittlere Wärmeübergangszahl α für ihre Versuche nicht ermittelt hatten, und in dem Bericht ebenfalls die Temperaturverteilung in den Rippen nicht angegeben war, habe ich α mit Hilfe der Gleichung

$$\alpha_0 = \frac{2\,n\,X}{F_0}\left(\frac{Q}{\vartheta_0}\right) + \frac{(b-2\,n\,z_0)\,X}{F_0}\,\alpha$$

bestimmt.

Mit dem Wert $\dfrac{Q}{\vartheta_0}$ für die Rechteckrippe lautet die Gleichung:

$$\alpha_0 = \frac{2\,n\,X}{F_0}\sqrt{\alpha\,\lambda\,z_0}\,\mathfrak{Tg}\sqrt{\frac{\alpha}{\lambda\,z_0}}\,h + \frac{(b-2\,n\,z_0)\,X}{F_0}\,\alpha.$$

Es wurden für die verschiedenen Platten auf Grund dieser Gleichung die Kurven $\alpha_0 = f(\alpha)$ in Abb. 24 berechnet.

Aus den beiden Abb. 23 und 24, $\alpha_0 = f(U)$ und $\alpha_0 = f(\alpha)$, konnte so für jede Platte α in Abhängigkeit von U ermittelt werden.

---

[1] Taylor, C. F., u. A. Rehbock: Rate of heat transfer from finned metal surfaces. N.A.C.A. Technical Note Nr. 331. 1930.

Abb. 25 zeigt in logarithmischem Maßstabe die dimensionslose Größe

$$\frac{Q(x)}{\vartheta X C U} = \frac{\alpha}{3600\, C U}$$

in Abhängigkeit von der Reynoldsschen Zahl für die Versuche von Taylor und Rehbock. In Abb. 26 sind die entsprechenden Werte für meine eigenen Versuche angegeben (vgl. hierzu auch Zahlentafel 2 S. 12).

Die Gleichung

$$\frac{Q(x)}{\vartheta X C U} = k f\left(\frac{1}{Re}\right)$$

entspricht der oben für die ebene Platte angegebenen Beziehung.

Jeder einzelnen Rippenanordnung ist eine solche Gleichung zugeordnet, wobei die Größe k für jede Anordnung einen bestimmten von den hydrodynamisch einflußreichen Abmessungen abhängigen Wert besitzt.

Man kann demnach allgemein schreiben:

$$\frac{Q(x)}{\vartheta C U} = k_1 f\left(\frac{1}{Re}\right) \cdot f_1(X;\, a';\, h)\,.$$

Es bedeutet:

a' die mittlere lichte Entfernung von Rippe zu Rippe,
h die Rippenhöhe,
X die Länge in der Strömungsrichtung.

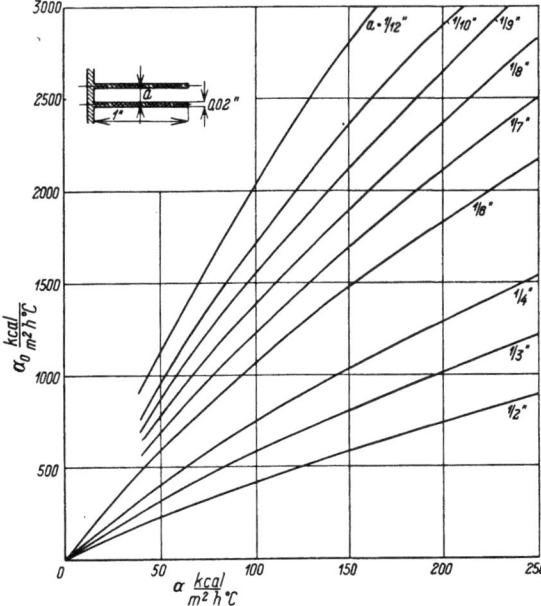

Abb. 24. Die rechnerisch ermittelten Wärmeleistungen der Rippenplatten von Taylor und Rehbock.

Aus den Abb. 25 und 26 erkennt man, daß $f\left(\dfrac{1}{Re}\right)$ in dem untersuchten Bereich durch eine Potenzfunktion gut wiedergegeben wird.

Wir schreiben:

$$\frac{Q(x)}{\vartheta X C U} = k_1 \left(\frac{1}{Re}\right)^{n(X;\, a';\, h)} f_1(X;\, a';\, h)\,.$$

Hier ist n wieder eine Funktion von X, a' und h.

Man konnte nun vermuten, daß n und f_1 Funktionen von $\dfrac{a'}{h}$ und $a'\, h$ seien.

$\dfrac{a'}{h}$ ist das Seitenverhältnis, $a'\, h$ der Querschnitt des von zwei Rippen gebildeten Luftkanals.

Die einfachste dimensionslose Kombination der Größen $\dfrac{a'}{h}$, $a' \cdot h$ und X ist:

$$\frac{X}{\dfrac{a'}{h}\sqrt{a'\, h}} = \frac{X}{\beta}\,.$$

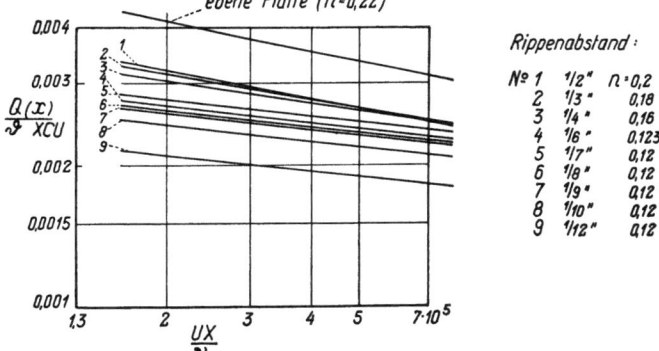

Abb. 25. Wärmeübergangszahlen für die von Taylor und Rehbock untersuchten Profile.

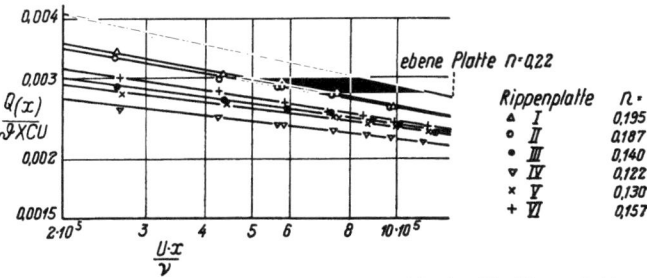

Abb. 26. Wärmeübergangszahlen für die untersuchten Profile. Rippenplatte I bis VI.

Der Übergang von der Rippenplatte zur ebenen Platte kann auf zweifache Weise bewerkstelligt werden. Entweder läßt man a' unendlich groß oder h Null werden. In beiden Fällen wird

$$\beta = \infty\,;\qquad \frac{X}{\beta} = 0\,.$$

In Abb. 27 sind die Werte $\frac{Q(x)}{\vartheta X C U}$ in Abhängigkeit von $\frac{X}{\beta}$ für $Re = 4 \cdot 10^5$ dargestellt. Die Meßpunkte von Taylor und Rehbock und meine eigenen ordnen sich in befriedigender Weise zu einer gemeinsamen Kurve. Nur die Punkte $\frac{X}{\beta} = 18$ und $\frac{X}{\beta} = 34$ der Rippenplatten mit den Abständen ½ und ⅓″ weisen eine größere Streuung auf.

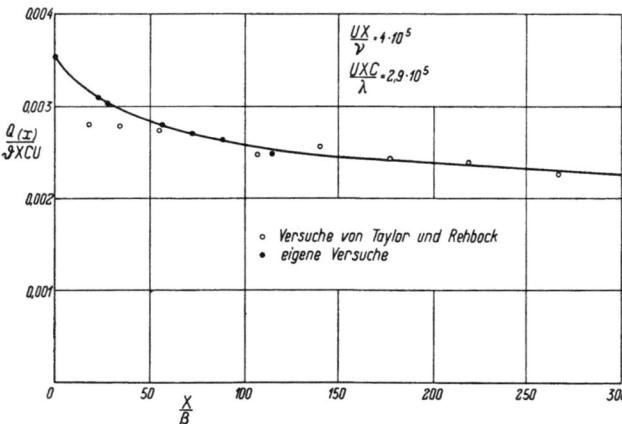

Abb. 27. Vergleich der Versuchswerte bei $Re = 4 \cdot 10^5$ mit den Messungen von Taylor und Rehbock.

Die ermittelte Abhängigkeit der Wärmeübergangszahl α von β besagt folgendes: Wenn bei sonst gleichen Verhältnissen die Höhe der Rippe m mal so groß gemacht wird, so muß die lichte Entfernung a' der Rippen voneinander $\sqrt[3]{m}$ mal so groß werden, damit die gleiche Wärmeübergangszahl erhalten bleibt.

Die allgemeine Gleichung für die Wärmeübergangszahl an berippten und ebenen Platten lautet also:

$$\frac{Q(x)}{\vartheta X C U} = k_1 \left(\frac{1}{Re}\right)^{n\left(\frac{X}{\beta}\right)} f_1\left(\frac{X}{\beta}\right).$$

In Abb. 28 ist $n = f\left(\frac{X}{\beta}\right)$ dargestellt. n fällt von dem Wert 0,22 für die ebene Platte mit wachsendem $\frac{X}{\beta}$ zuerst stark, nachher schwächer ab und nimmt etwa bei $\frac{X}{\beta} = 140$ den weiterhin konstanten Wert 0,12 an.

Wir bemerken noch, daß diese Gesetzmäßigkeit nur für einen bestimmten Bereich der Reynoldsschen Zahl gelten kann. Für sehr große Geschwindigkeiten, d. h. für sehr große Werte von Re werden die Kurven $\frac{Q(x)}{\vartheta X C U} = f\left(\frac{U X}{\nu}\right)$ in Abb. 25 und 26 sich der Kurve für die ebene Platte asymptotisch nähern. Die Kurven sind in Wirklichkeit keine Geraden, sondern gekrümmte Linien. Sie lassen sich jedoch für den untersuchten Bereich sehr gut durch Geraden annähern.

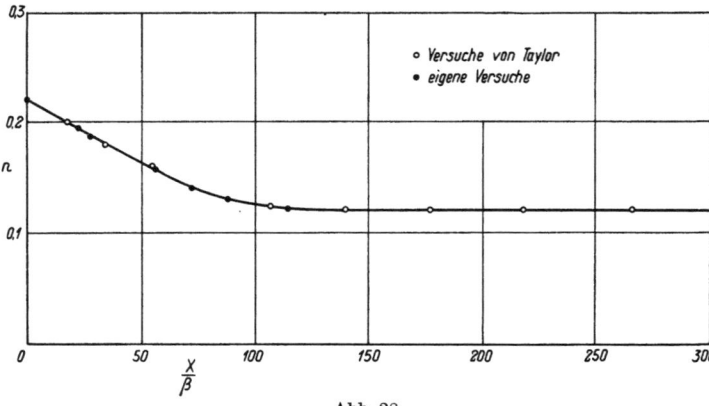

Abb. 28.

In Abb. 29 ist $\frac{Q(x)\left(\frac{UX}{\nu}\right)^n}{\vartheta X C U} = f\left(\frac{X}{\beta}\right)$ aufgetragen.

Jeder der eingezeichneten Punkte entspricht einer Rippenplatte. Die Meßpunkte von Taylor und Rehbock stimmen mit den eigenen Versuchswerten gut überein. Da die Abmessungen der Rippenplatten und die Luftgeschwindigkeiten bei Taylor und Rehbock ganz andere waren als bei den eigenen Versuchen, so kann man auf Grund der guten Übereinstimmung der Ergebnisse dieselben auch auf weitere Anordnungen sinngemäß übertragen, soweit man sich in der Nähe der untersuchten Reynoldsschen Zahlen befindet und die Rippenabstände nicht so klein werden, daß der Strömungszustand zwischen den Rippen laminar wird.

Mit Hilfe von Abb. 28 und Abb. 29 kann man unter obigen Einschränkungen für beliebige Rippenanordnungen die Wärmeübergangszahl α in Abhängigkeit von der Luftgeschwindigkeit errechnen. Hierdurch wird es ermöglicht, für eine Grundfläche bestimmten Ausmaßes die Rippenabmessungen und Abstände durch Probieren so zu ermitteln, daß für eine bestimmte Luftgeschwindigkeit oder für einen begrenzten Bereich derselben die Wärmeleistung α_0 der Grundfläche ein Maximum ergibt. Zur Lösung dieser für die Praxis wichtigen Frage wird man folgendermaßen vorgehen:

Als Rippenform kommt wegen der guten Materialausnutzung und der leichten Herstellbarkeit nur die abgestumpfte Dreieckrippe in Anwendung. Da der Materialaufwand für eine Rippe mit der dritten Potenz der Wärmeleistung anwächst, wird man die Rippendicke so klein wählen, wie es aus konstruktiven Gründen erlaubt ist. Dafür wird man die Anzahl der Rippen erhöhen können. Von der Rippendicke ausgehend wird man auf Grund einer Abschätzung für α die Höhe der Rippe so bestimmen, daß man den günstigsten Maßverhältnissen möglichst nahe kommt. Durch Probieren läßt sich dann der Rippenabstand finden, bei dem die Wärmeleistung der Grundfläche ein Maximum ergibt. Die Verwirklichung eines guten Maßverhältnisses der Rippe erhält hier besondere Bedeutung, da es im Interesse einer möglichst hohen Wärmeübergangszahl wichtig ist, den zur Verfügung stehenden Strömungsquerschnitt zwischen den Rippen nicht unnötig zu verkleinern.

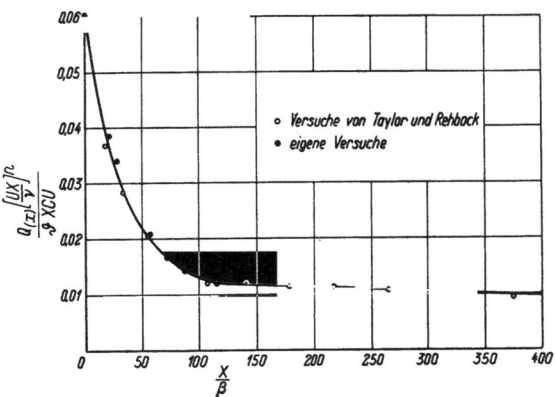

Abb. 29. Wärmeübergangszahlen für ebene und berippte Platten.

V. Zusammenfassung.

In vorliegender Arbeit sind die experimentell ermittelten Temperaturen und Wärmeleistungen von Kühlrippen im Luftstrom mit der Rechnung verglichen worden. Unter Zugrundelegung einer mittleren Wärmeübergangszahl, bezogen auf die gesamte Oberfläche, ergab sich eine gute Übereinstimmung zwischen Rechnung und Versuch.

Weiterhin wurde eine Beziehung aufgestellt zwischen der mittleren Wärmeübergangszahl, den Abmessungen der Rippenanordnung und der Luftgeschwindigkeit.

Zum Schluß möchte ich Herrn Prof. Dr. Th. v. Kármán für die weitgehende Unterstützung, die er dieser Arbeit zukommen ließ, und der Notgemeinschaft der Deutschen Wissenschaft für die Bewilligung von Mitteln zur Herstellung der Versuchseinrichtung meinen besten Dank aussprechen.

Die aerodynamische Waage des Aachener Windkanales.

Von C. Wieselsberger, Aachen.

Das Aerodynamische Institut der Techn. Hochschule Aachen hat im Frühjahr 1932 gelegentlich eines Umbaues des Meßraumes den Windkanal mit einer neuen aerodynamischen Waage versehen, die wegen verschiedener Besonderheiten ihrer Bauart und Meßtechnik vielleicht einiges Interesse beanspruchen darf[1]. Beim Entwurf der Waage wurden folgende Forderungen besonders beachtet:

1. Schnelle und bequeme Messung.
2. Möglichste Anpassung an verschiedene Versuchskörper.
3. Möglichkeit seitlicher Anblasung.

Zu der unter 1. angeführten Forderung sei zunächst folgendes bemerkt: Bei vielen der gebräuchlichen aerodynamischen Waagen erfolgt die Messung des Auftriebes in der Weise, daß man nicht unmittelbar den Gesamtauftrieb mißt, sondern 2 Komponenten des Auftriebes. Der Gesamtauftrieb ergibt sich dann als Summe der beiden Komponenten. Durch Messung der beiden Auftriebskomponenten und des Widerstandes ist im Falle symmetrischer Lage des Flügels zur Windrichtung die resultierende Luftkraft der Größe, Richtung und Lage nach eindeutig bestimmt. Bei bekannter Größe der Luftkraft kann man deren Lage auch durch das Moment um eine bestimmte Achse, z. B. die Vorderkante des Flügels angeben. Es liegt nun ein gewisses Bedürfnis vor, den Gesamtauftrieb durch eine einzige Messung ermitteln zu können, denn in manchen Fällen ist die Kenntnis des Momentes von nebensächlicher Bedeutung. Ist nun der Bau der Waage von der Art, daß sich der Gesamtauftrieb durch eine einzige Messung ergibt, so ist die Polarkurve durch 2 Messungen, nämlich durch Messung von Gesamtauftrieb und Widerstand vollkommen bestimmt und dadurch in solchen Fällen eine nicht unbeträchtliche Abkürzung der Meßzeit erreicht.

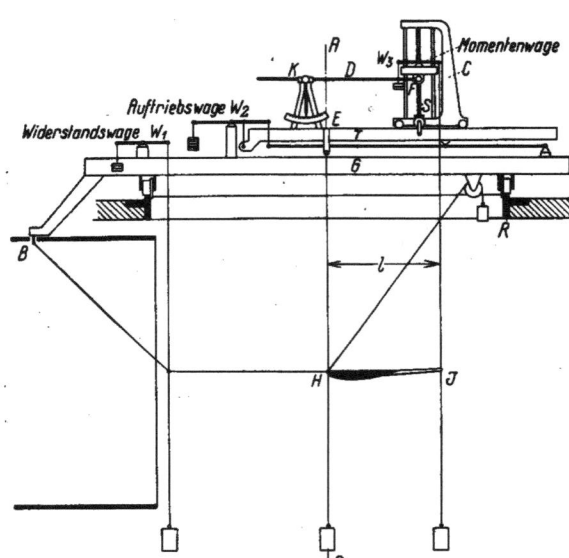

Abb. 1. Schema der Waage.

Bau und Wirkungsweise dieser Waage sind aus der schematischen Darstellung Abb. 1 ersichtlich. Sie ist vorläufig zur Messung von 3 Komponenten eingerichtet, läßt sich aber ohne weiteres als Sechskomponentenwaage ausbauen. Um der Forderung 3. zu genügen, nämlich die Luftkräfte auch bei Seitenwind zu messen, ist die Waage über dem Luftstrahl angeordnet, und zwar so, daß der Rahmen G, auf dem die Waagen montiert sind, mit Hilfe von 4 Rädern auf

---

[1] Diese Waage wurde erstmalig vom Verfasser für den Windkanal der Aichi Tokei Denki K. K. Flugzeugwerke in Nagoya konstruiert und in den Werkstätten der Firma hergestellt. Sie ist dort seit 1929 in Verwendung. Durch weitgehendes Entgegenkommen der genannten Firma, wofür ihr auch hier nochmals unser Dank ausgesprochen sei, wurde es ermöglicht, eine Waage gleicher Bauart unter günstigen Bedingungen in äußerst sauberer und exakter Ausführung für unseren Windkanal zu erwerben.

einem gußeisernen Ring R drehbar ist. Die Anordnung des Flügels relativ zu dem Rahmen ist so, daß der Mittelpunkt der Flügelvorderkante gerade auf der Achse $A-A$ des Ringes liegt, so daß dieser Punkt bei Drehung der Waage seine Lage nicht ändert. Die Aufhängung des Flügels ist derart, daß bei einer Drehung der Waage sich die relative Lage der Drähte nicht ändert. Zu diesem Zwecke ist der Befestigungspunkt B des schräg nach links oben gehenden Widerstandsdrahtes fest mit dem Rahmen verbunden und bewegt sich bei einer Drehung der Waage mit. Um diese Drehung zu ermöglichen, wurde in der Düse ein entsprechender Schlitz angebracht. Bau und Anordnung der Widerstandswaage W_1 weist, wie man sieht, keine Besonderheiten auf. Zur Messung des Gesamtauftriebes ist das Prinzip der Brückenwaage zur Anwendung gebracht. Die Aufhängedrähte des Modelles greifen an dem oberen Hebel T der Brückenwaage an; die Hebelverhältnisse sind so gewählt, daß eine Untersetzung der Luftkräfte im Verhältnis $3:1$

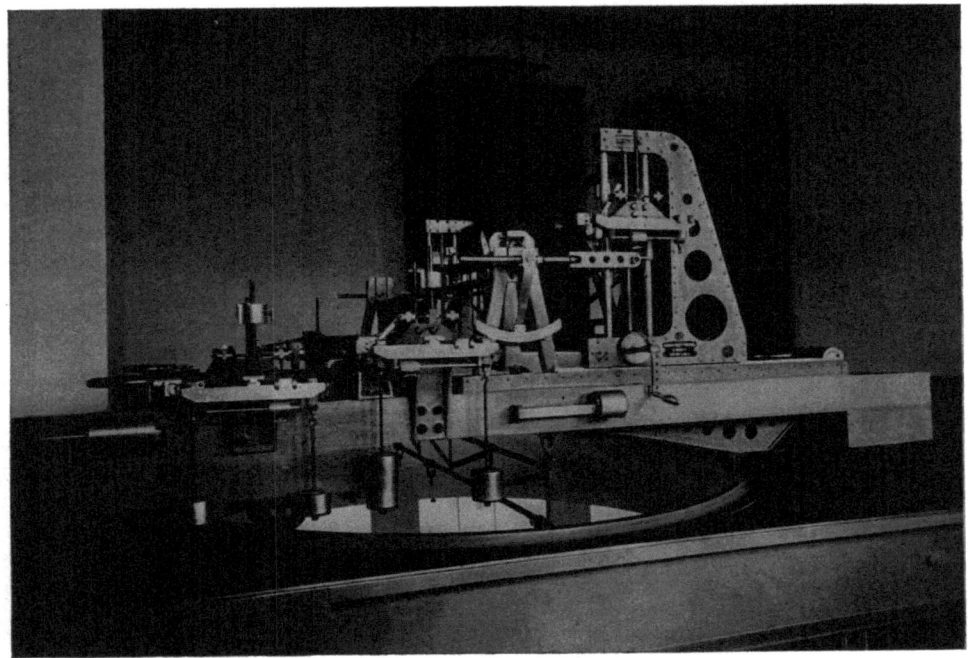

Abb. 2.

erreicht wird, d. h. die zum Abwiegen erforderlichen Gewichte betragen nur ⅓ der wirkenden Luftkräfte. Mit Hilfe der Waage W_2 kann also unmittelbar der Gesamtauftrieb gemessen werden. Da bei einer Brückenwaage der obere Träger T bei der Wägung eine Parallelbewegung ausführt, so führt auch der zu messende Flügel eine Parallelbewegung in vertikaler Richtung aus. Das bedeutet gegenüber den bisherigen Methoden, wobei sich der Flügel bei der Wägung einmal um die Vorderkante und einmal um eine Achse durch den hinteren Aufhängedraht dreht, einen Vorzug. Denn bei der Drehung des Flügels treten Änderungen der Luftkräfte auf, die die Stabilität der Waage vergrößern oder verkleinern, je nachdem in dem betreffenden Anstellwinkelbereich der Auftrieb mit wachsendem Winkel ansteigt oder abfällt. Diese Erscheinung, die sich bei den Messungen unangenehm bemerkbar macht, fällt natürlich weg, sobald der Flügel eine reine Parallelbewegung ausführt, wie dies bei der vorliegenden Bauart der Fall ist. Die Waage W_3 dient zur Messung des Momentes um die Vorderkante des Flügels. Sie kann mit Hilfe einer Spindel S in vertikaler Richtung verschoben und somit der Anstellwinkel verändert werden. Da aber bei Änderung des Anstellwinkels die Distanz KF konstant gehalten werden muß, und stets gleich dem Abstand HJ sein muß, so ist die Spindel S auf einem Wagen C angeordnet, der sich beim Heben und Senken der Waage W_3 mit Hilfe von Rollen auf dem Träger T verschiebt. Die Entfernung KF wird durch die Stange D konstant gehalten, die Punkte K und F

sind als Drehpunkte ausgebildet. Der Anstellwinkel kann an der Gradteilung E abgelesen werden. Bei einer Basislänge (siehe unten) von 300 mm sind Anstellwinkeländerungen im Bereich von $-30°$ bis $+30°$ möglich. Diese Bauart ergibt einen weiteren Vorteil, welcher der Forderung 2. zugute kommt. Es ist nämlich ohne weiteres möglich, die „Basislänge" l, d. i. die Entfernung zwischen vorderen und hinteren Aufhängepunkten des Modelles zu verändern. Die Verbindungsstange D geht bei K durch eine Hülse, kann daher an einer beliebigen Stelle mit Hilfe einer Klemmschraube festgeklemmt werden. Auf diese Weise kann die Entfernung l von 240 mm bis 700 mm verändert werden. Die kurzen Basislängen kommen vorwiegend bei Flügelmodellen zur Anwendung, während bei langen Versuchskörpern, z. B. Rumpf- und Ballonmodellen, größere Basislängen eine bessere und sicherere Fixierung der Modellage ergeben. Auch bei ganzen Flugzeugmodellen ist es sehr vorteilhaft, wenn man zur Anbringung des Angriffspunktes der hinteren Aufhängedrähte freie Wahl hat.

Die in der schematischen Skizze durch kleine Kreise markierten Drehpunkte der Hebel sind durchwegs als Schneiden ausgebildet. Dadurch ist eine gute Empfindlichkeit erreicht. Die Waagen W_1 und W_3 zeigen eine zusätzliche Belastung von je 1 g noch deutlich an, während die Waage W_2 ohne Vergrößerung des Zeigerausschlages eine Belastung von 3 g noch erkennen läßt.

Es ist ferner zu bemerken, daß bei der dargestellten Art der Modellaufhängung durch Änderung des Anstellwinkels keine Nullpunktsänderungen der Waagen W_1 und W_2 auftreten. Dadurch wird die zur Messung wie die zur Auswertung erforderliche Zeit abgekürzt. Bei der Waage W_3 treten normalerweise Nullpunktsänderungen auf, die dadurch hervorgerufen sind, daß der Schwerpunkt des Modelles nicht auf der Verbindungslinie HJ liegt, sondern außerhalb derselben. Infolgedessen ändert sich bei Änderung des Anstellwinkels der Anteil des toten Gewichtes, der auf die Aufhängedrähte entfällt, um einen kleinen Betrag. Für die Waage W_2 ist aber diese Verlegung der Gewichtsanteile ohne Einfluß, da sie ja nur eine Änderung des Gesamtgewichtes anzeigt.

Das Abwiegen der Luftkräfte erfolgt in bekannter Weise mit Hilfe von Scheibengewichten, deren kleinste Einheit 200 g beträgt und verschiebbaren Laufgewichten. Abb. 2 zeigt ein Lichtbild der über dem Luftstrahl montierten Waage.

Eigenspannungen bei Lichtbogen- und Gasschmelzschweißung.

Von **Franz Bollenrath**, Aachen.

Vorbemerkung. Die Versuche entstanden im Anschluß an die Ausarbeitung eines Verfahrens zur Ermittlung der Eigenspannungen in dünnwandigen geschweißten Flugzeugbauteilen, bei denen sich zeigte, daß die Spannungsmessungen an Bauteilen mit größerer Wandstärke einfach durchzuführen sind. Die Untersuchungen wurden von Dr.-Ing. J. Mathar im Jahre 1932 begonnen und nach seinem Tode im Juli 1933 von dem Verfasser fortgesetzt. Ein Beispiel dieser Messungen wurde von Dr.-Ing. J. Mathar veröffentlicht in einem Vortrage „Determination of Inherent Stresses by Measuring Deformation of Drilled Holes" (eingereicht durch Prof. Dr.-Ing. e. h. Dr. Theodor von Kármán), Meeting Chicago, June 1933, Trans. Am. Soc. Mech. Eng. Iron and Steel 56 (1934) S. 375. Ferner wurde ein Teil vorläufiger Ergebnisse vorgetragen von Dr.-Ing. H. Buchholz, Berlin, Oktober 1933, vor dem Verbande für autogene Metallbearbeitung.

Inhalt. Durch Messung der Bohrlochverformung werden die Eigenspannungen in autogen und elektrisch geschweißten Nähten an ebenen Platten bestimmt. Untersucht wurde der Einfluß der Plattenstärke, Nahtlänge, des Schweißverfahrens und der Einspannung. An besonderen Zugstäben wurde der Spannungsabbau durch statische Belastungen beobachtet. Elastische stoßartige Beanspruchungen verursachten keine Änderung der Eigenspannungen.

I. Einleitung.

Bei der Schmelzschweißung werden alle Werkstoffeigenschaften in der Naht und den angrenzenden Bereichen bei hohen örtlichen und zeitlichen Temperaturgradienten entsprechend stark verändert. Je nach der Schweißart und der individuellen Durchführung werden alle Verhältnisse sich sehr unterschiedlich abspielen und in schließlich bleibenden Eigenspannungen bemerkbar machen eben als Folge einer Reihe von Vorgängen, die in ihrer gegenseitigen Beeinflussung kaum zu verfolgen sind.

In jedem Falle liegt in einer fertigen Verbindung ein ziemlich verwickelter Eigenspannungszustand vor, der durch Messung der Schrumpfung, des Temperaturverlaufes und irgendwelcher anderer Änderungen während der Schweißung noch nicht zu erfassen ist. Zur Klärung der Verhältnisse empfiehlt es sich bei diesen Spannungen infolge der Dehnungen und Schrumpfungen zu unterscheiden, ob sie alleine von dem Verbindungsprozeß herrühren, oder ob sie überlagert sind von zusätzlichen, durch die Randbedingungen zufolge einer vorgeschriebenen Lage in einem konstruktiven Verbande. Man muß also unterscheiden zwischen den eigentlichen, primären Schweißspannungen oder **Nahtspannungen** und den **Bau-** oder **Konstruktionsspannungen**. Im folgenden wird hauptsächlich von der zuerst angeführten Gruppe der Nahtspannungen die Rede sein.

Der ganze Wert einer Schweißverbindung wird bestimmt von ihren technologischen und physikalischen Eigenschaften, im wesentlichen von den Festigkeitseigenschaften. Daher ist es vor allen Dingen wichtig zu wissen, wie weit ist die Festigkeit der Verbindung bereits durch die Eigenspannungen in Anspruch genommen, welche zusätzlichen Spannungen können noch aufgebracht werden, und wie entwickeln sich die Spannungszustände bei den vorgesehenen Betriebslasten und Belastungsarten.

Die Ausbildung des Nahtquerschnittes, sein Verhältnis zu dem der anschließenden Teile und die Nahtlänge wirken offenbar ein auf die Lage und Größe der Höchstspannungen in der Naht oder deren nächsten Nachbarschaft. Bei einem Vergleich verschiedener, aus Platten bestehender Proben miteinander muß man unbedingt die Plattenstärke berücksichtigen, da die Spannungen quer zur Plattenmittelebene offensichtlich von der Plattendicke wesentlich mitbestimmt werden. Bei dünnen Platten werden diese Spannungen gering sein, während sie bei größeren Wandstärken beträchtliche Werte erreichen. Da für die Entwicklung hoher Spannungen, insbesondere oberhalb der bei einem einachsigen Spannungszustande vorhandenen Fließgrenze, die beiden äußersten Hauptspannungen, zu denen u. U. die quer zur Plattenmittelebene gerichtete Spannung gehört, maßgebend sind, ist die Plattendicke von großem Einfluß. Die Bauspannungen werden gleichfalls von der Plattenstärke beeinflußt, aber nicht zwangläufig in gleichem Sinne und Maße[1,2]. Immer wird ein dreiachsiger Spannungszustand vorhanden sein. Bei einer einfachen, geraden und nicht zu kurzen Naht zwischen ebenen, rechteckig begrenzten Platten, deren Querabmessungen gegen die der Mittelebene gering sind, werden bei gleichmäßig fortschreitender Schweißung die Richtungen zweier Hauptspannungen in der Naht annähernd in und quer zur Nahtrichtung parallel zur Mittelebene verlaufen; die mittlere Hauptspannung wird im allgemeinen senkrecht zur Plattenmittelebene gerichtet sein. Der Spannungszustand ist zudem über die Plattendicke keineswegs gleichmäßig verteilt, sondern die höheren Spannungen herrschen auf der Seite, auf der die Schweißung (z. B. bei einer V-Naht) vor sich ging oder (z. B. bei einer X-Naht bzw. wurzelseitigem Nachschweißen bei einer V-Naht) zuletzt vollzogen wurde.

II. Versuche.
A. Gesichtspunkte für die Auswahl der Proben und Versuchsmethoden.

Um nun bei den verwickelten Verhältnissen überhaupt einmal die tatsächliche Höhe und den Verlauf der Eigenspannungen kennenzulernen, wurden diesen Untersuchungen zuerst grundsätzlich unter Ausschaltung der Bauspannungen ganz einfache, nach verschiedenen Verfahren hergestellte Schweißverbindungen von ebenen, rechteckigen frei beweglichen Platten aus St 37 durch V-Naht zugrunde gelegt. Alle Platten wurden vor dem Schweißen sorgfältig ausgeglüht, in 8 Stunden auf 850° erhitzt und während 24 Stunden im Ofen abgekühlt. Die Plattendicken betrugen 15, 10, 8, 5 und 3 mm. Die Länge und Breite blieb bei allen Versuchen gleich mit je 600 und 300 mm, so daß die Abmessungen der ganzen Probe 600 × 600 mm² waren. So wurde auch ein Anhalt über den Verlauf der Spannungen bei verschiedener Nahtlänge gewonnen, da die Naht bei den dünneren Proben bezogen auf die Plattendicke einer anderthalb- bis fünffachen Nahtlänge gegenüber den Proben mit der größten Blechstärke entspricht. Es läßt sich ohne weiteres voraussagen, daß mit zunehmender Nahtlänge z. B. die Spannungen in Nahtrichtung ebenfalls wachsen. Hierbei wird jedoch bei einer bestimmten Nahtlänge ein von der Blechstärke und -Breite abhängiger Höchstwert erreicht werden. Das gleiche gilt auch, jedoch nicht in demselben Maße, von den quer zur Naht gerichteten Spannungen, abgesehen davon, daß immer alle Spannungen sich gegenseitig beeinflussen. Die Hauptversuche wurden an den 15 mm dicken Platten angestellt, da der Querschnitt noch genügend Widerstand gegen Verwerfungen durch die Wärmedehnungen und Spannungen bot, die sonst eine teilweise Auslösung der Eigenspannungen ermöglicht hätten. Wie die einzelnen Schweißverbindungen hergestellt wurden, soll bei der Besprechung der Versuchsergebnisse dargelegt werden. Um zu wissen, welche Plattenabmessungen mindestens notwendig sind, um vergleichbare Ergebnisse zu erhalten, wurden außerdem Schweißspannungen an Proben aus 15 mm dicken Platten mit den doppelten Längenabmessungen angestellt, die zeigten, daß bei 300 mm vom Nahtanfang und sonst gleichbleibender Breite der Höchstwert erreicht ist.

Da eine schnell sich ändernde Spannungsverteilung vorliegen muß, kommt zur Ermittlung der Eigenspannungen nur ein Verfahren in Frage, das ein punktweises Erfassen örtlicher Werte nach den ausgezeichneten Richtungen erlaubt. Da weiterhin die Spannungen an den Oberflächen alleine kein einwandfreies Bild von der ganzen Spannungsverteilung geben, mußte ein Meßverfahren angewandt werden, das auch über die Verteilung über die Dicke aussagt. Diesen Forderungen entspricht vollkommen das Verfahren von Dr. J. Mathar[3,4], das bisher vorteil-

---
[1] Siehe z. B.: H. Gehring: Mitt. Forsch.-Inst. verein. Stahlwerke, Dortmund Bd. 3 (1933) S. 107/128.
[2] Schulz, E. u. W. Püngel: Stahl u. Eisen Bd. 53 (1933) S. 1233/36.
[3] D.R.P. Nr. 570900.
[4] Mathar, J.: Arch. Eisenhüttenwes. Bd. 6 (1933) S. 277. Ermittlung von Eigenspannungen durch Messung von Bohrlochverformungen.

haft zur Messung von Eigenspannungen in gewalzten Profilen, Gußstücken[1] und großen Eisenbauten (Rhein-) und Eisenbahnbrücken verwendet wurde. Wie unten mitgeteilte Versuche zeigen, liegt z. B. öfter der Fall vor, daß an den Oberflächen auf Vorder- und Rückseite die gleichen oder wenig unterschiedliche Spannungen an gegenüberliegenden Punkten herrschen, während in der Plattenmittelebene Spannungen von ganz anderem Betrage, sogar manchmal umgekehrten Vorzeichens bestehen. Ein großer Vorzug der Matharschen Methode ist, daß die Teile nicht zerstört werden müssen, sondern für weitere Messungen, z. B. bei zusätzlichen Beanspruchungen und im Betrieb benutzt werden können. Gemessen wurden bei diesen Versuchen Bohrlochverformungen mit dem speziell entwickelten Zeigermeßgerät. Die Meßlänge ist bedingt durch den örtlichen Spannungsgradienten. Vorversuche zeigten, daß ein Bohrlochdurchmesser von 12 mm, entsprechend einer Meßlänge von 7,5 mm (Abstand des Meßpunktes von Mitte Bohrloch) genügend klein war, um die elastischen Deformationen in ihrer wirklichen Größe örtlich zu erfassen. Bei wesentlich kleineren Bohrerdurchmessern, etwa unterhalb 5 mm, ist das Zeigergerät allerdings nicht mehr empfindlich genug. In diesen Fällen verwendet man zur Auswertung die stereophotogrammetrische Meßmethode[2], die herunter bis zu Lochdurchmessern von 2 mm mit Erfolg noch gebraucht werden kann unter genauer Erfassung der Spannungsverteilung über die Tiefe. Bei einem gleichbleibenden Spannungsgradienten ist die Meßlänge natürlich ohne Einfluß, wenn man die gemessene Deformation für die Mitte der Meßstrecke ansetzt. Bei veränderlichem Spannungsgradienten aber erhält man mit großen Meßlängen einen Spannungsmittelwert, der einem unbekannten Punkte auf der Meßstrecke zukommt. Die Kenntnis der zu einem bestimmten Punkte gehörenden Spannung ist um so ungewisser, je stärker sich der Spannungsgradient ändert und je länger die Meßstrecke ist. Insbesondere wo die Spannung ziemlich schnell ihr Vorzeichen wechselt, wie es in der Naht selbst und ihrer Nähe immer der Fall ist, d. h. bei steil aus dem Spannungsfeld hervortretenden Spannungsspitzen und bei jähen Spannungstiefen liefern große Meßlängen einen viel zu geringen bzw. zu hohen Wert, wie ein Blick auf die unten mitgeteilten Linienzüge für Spannungsverteilung klar erkennen läßt. Viele bisher veröffentlichte Untersuchungen beruhen auf Spannungsermittlungen mit zu großen Meßlängen. Je mehr man eine punktweise Erfassung der Spannungen hat ermöglichen können — z. B. beim Grenzfall der Röntgenstrahlenreflexion —, um so höhere Spannungen hat man gefunden.

Besondere Beachtung verdienen die Fälle, in denen Teile der Probe entspannt werden, dadurch, daß sie von dem Zusammenhang mit ihrer Umgebung durch Herausschneiden gelöst werden (vielfach als Netzmethode bezeichnet)[3,4,5]. Hierbei ist es üblich, auf diesen Teilen vor der Zerteilung Marken anzubringen, deren Abstandsänderung durch die Entspannung gemessen wird. Diese Abstandsänderung kann man bei stark veränderlichen Spannungsverteilungen nur in grober Annäherung der Spannungsermittlung zugrunde legen. Der Abstand der Meßpunkte als fiktive Meßlänge ist nicht maßgebend, und nur die Kantenlänge der herausgeschnittenen Proben kann mit anderen Meßverfahren bezüglich der Meßlänge verglichen werden. Je größer demnach die Kantenlänge der herausgeschnittenen Körper ist, um so stärker weichen die an diesem Körper ermittelten Spannungen von den örtlich vorhandenen ab. Mit besonderer Vorsicht zu benutzen sind die Verfahren, die an Hand von Dehnungsmessungen bei zusätzlichen Beanspruchungen durch äußere Kräfte die Schweißspannungen zu bestimmen

---

[1] Mathar, J., H. Nipper u. E. Hugo: Spannungen in Gußstücken. Gießerei Bd. 20 (1933) S. 114.

[2] Dirksen, B.: Stereophotogrammetrische Deformationsmessung. Verh. 3. intern. Kongreß für techn. Mechanik Bd. 2, S. 181/184. Stockholm 1930.

[3] Mies, O.: Versuche über die Spannungsverteilung in geschweißten Flußstahlblechen. Wärme 57. Jg. (1934) S. 113/121.

[4] Bierett, G.: Schrumpfspannungen in geschweißten Konstruktionen, Vortrag in der Sitzung des Fachausschusses für Schweißtechnik im VDI Düsseldorf, 27. Febr. 1934. — Über Schrumpfspannungen und Verfahren zu ihrer Messung in schweißtechnischen Verbindungen der Praxis. VDI 71. Hauptversammlung 1933 S. 22/25.

[5] Siebel, E., u. M. Pfender: Formänderungen und Eigenspannungen von Schweißverbindungen. Arch. Eisenhüttenwes. Bd. 7 (1933/34) S. 407/415.

versuchen[1]. Die gegenseitige Beeinflussung der inneren Kräfte ist nicht bekannt, ebensowenig wie das Maß der Formänderungsbehinderung, solange der ganze räumliche Spannungszustand nicht meßbar ist. Ferner können aus Schrumpfungsmessungen während und nach dem Schweißen an der unzerteilten Probe in der Naht und in ihrer Nähe die Eigenspannungen nicht ermittelt werden besonders wegen der mit der Temperatur fortwährend sich ändernden Streckgrenze und, weil die Dehnungen infolge der Spannungen von den Temperaturdehnungen nicht getrennt werden können.

B. Untersuchte Proben.

1. Werkstoffeigenschaften.

Da in der Schweißverbindung zweierlei Werkstoffe mit sehr unterschiedlichen technologischen Eigenschaften und ganz verschiedener Struktur miteinander verbunden sind, liegt hier eine erhebliche Inhomogenität vor. Die Textur der Naht kann durch nachheriges Schmieden manchmal derjenigen der zusammengeschweißten Teile bis zu einem gewissen Maße noch angepaßt werden, aber immerhin ist eine nicht zu vernachlässigende Ungleichmäßigkeit vorhanden. Um unter diesen Umständen aus den Deformationen richtig auf die Spannungen schließen zu können, wurden die Festigkeitseigenschaften des Plattenwerkstoffes und des in der Naht niedergeschmolzenen Werkstoffes untersucht.

2. Einfluß der Breite der Erwärmungszone.

Ein prinzipieller Unterschied zwischen den beiden Hauptschweißverfahren — autogen und elektrisch — liegt in der Breite der Erwärmungszone. Um für deren Einfluß möglichst unter Ausschaltung der anders gearteten Eigenschaften eines in die Naht niedergeschmolzenen Zusatzwerkstoffes einen Anhalt zu bekommen, wurden zunächst einmal von 2 Platten von $600 \times 600 \times 15$ mm³ über eine Mittellinie, die eine (A_2)* mit dem Gasbrenner auf eine Breite von etwa $80 \div 100$ mm bis zum oberflächlichen Anschmelzen erwärmt, die andere (A_3) durch einen Kohlelichtbogen (Kohlenelektrode 10 mm $\varnothing$, Gleichstrom 90/100 A) 2 mm tief auf einer Breite von 8 bis 10 mm eingebrannt und mit einer ganz schmalen und dünnen Raupe (Zusatzdraht 2 mm $\varnothing$) versehen.

Die zunächst folgenden Versuche umfassen die Bestimmung des Einflusses der Schweißart an den zwei Gruppen: Verbindung durch Gasschmelzschweißung und Elektroschweißung. Die Schweißung wurde von einem geübten Schweißer mit normaler Geschwindigkeit durchgeführt.

3. Gasschmelzschweißung.

Für die Gasschmelzschweißung wurden an folgenden Proben mit V-Naht, 60°, die Nahtspannungen ermittelt:

a) $B_{2/15}$, Schweißnaht durch Rechtsschweißung, Einlagenschweißung, elektrisch vorgeheftet, Zusatzdraht GV 1, 2 Platten mit den Abmessungen $600 \times 300 \times 15$ mm³.

b) $B_{2/10}$, Schweißung wie unter a), Plattenabmessungen: $600 \times 300 \times 10$ mm³.

c) $B_{2/5}$, Schweißung wie bei Probe $B_{2/15}$, Plattenabmessungen: $600 \times 300 \times 5$ mm³.

d) $B_{2/15/a}$, Schweißung wie bei Probe $B_{2/15}$, Plattenabmessungen: $1200 \times 600 \times 15$ mm³.

e) $B_{4/15}$, Schweißung und Plattenabmessungen wie unter a), Naht in Hellrotglut gehämmert.

f) $B_{6/15}$, Schweißnaht bei offenem Keilspalt; anfangs wurde rechts geschweißt; Bleche zuerst parallel gelegt, Spalt ging auf 7 mm auf. Als die Naht bis zur Mitte der Bleche hergestellt war, schloß sich der Spalt bei Rechtsschweißung nicht mehr. Bei der dann angewandten Linksschweißung ging der Spalt auf 3 mm allmählich wieder zu.

g) $B_{2/15/b}$, wie Probe $B_{2/15}$, jedoch in anderer Werkstatt geschweißt.

h) $B_{2/15/c}$, wie vor, jedoch Zweilagenschweißung.

i) $B_{5/15}$, Mehrlagenlinksschweißung; erste Lage jeweils 100 mm vorgeschweißt, dann Naht durch zweite Lage zugeschweißt.

---

[1] Bierett, G.: Zur Frage der Bedeutung und Erkennung von Anfangsspannungen in geschweißten Konstruktionen. Stahlbau Bd. 5 (1932) S. 94/96.

* Die eingeklammerten Bezeichnungen kennzeichnen die Versuchsstücke.

k) $B_{2/10/a}$, wie Probe $B_{2/10}$, jedoch mit Zusatzdraht GV 2 geschweißt.

l) $B_{2/10/b}$, wie vor, aber Zweilagenschweißung.

m) $B_{7/15}$, Verstärkungsblech durch Kehlnahtschweißung aufgelegt, Rechtsschweißung; Platte elektrisch aufgeheftet. Schweißvorgang: . Nach 1 und 2 abkühlen lassen: Abmessungen: Grundplatte $600 \times 600 \times 15$ mm³; Verstärkung $150 \times 150 \times 15$ mm³, Zusatzdraht GV 1.

n) $B_{8/15}$, Flicken, $150 \times 150 \times 15$ mm³, durch V-Naht eingeschweißt; Schweißfolge wie bei $B_{7/15}$, wurzelseitig nachgeschweißt.

o) PA, Schweißung und Abmessungen wie bei der Probe $B_{2/15}$.

4. Elektroschweißung.

Bei den elektrisch geschweißten Platten wurden als Zusatzwerkstoffe nackte (GHH blau) und gute umhüllte Elektroden genommen. Die Nähte waren mit V-Querschnitt, Flankenwinkel 60°, versehen. Die einzelnen Versuchsstücke waren folgende:

a) $C_{3/15}$, mit 4-mm-Elektrode, nackt, vier Lagen durchgehend geschweißt, 140 A. Nach der ersten und zweiten Lage zwei Stunden Abkühlung. Bei Fortsetzung der Schweißung (3. und 4. Lage) wurden im Abstand von 150 mm von der Naht die Platten mit wenig Wasser gekühlt, so daß der Blechrand nur handwarm wurde. Abmessungen der einzelnen Platten: $600 \times 300 \times 15$ mm³. Zusatzdraht „GHH blau".

b) $C_{4/15}$, Schweißnaht mit umhüllter Elektrode, durchgehende Raupen; zwei Lagen mit 4-mm-Zusatzdraht, 120 A; drei Lagen mit 5-mm-Draht, 140 A, Bleche stark verzogen. Abmessungen der Platten: $600 \times 300 \times 15$ mm³.

c) $C_{4/10}$, Schweißnaht mit umhüllter Elektrode, geheftet, durchgehend in drei Lagen, für 1. und 2. Lage 4-mm-Draht, 120 A, für 3. Lage 5-mm-Elektrode, 140 A; Plattenmaße: $600 \times 300 \times 10$ mm³.

d) $C_{4/5}$, umhüllte Elektrode, durchgehende Raupen, 4-mm-Elektrode, 80 A, Plattenmaße: $600 \times 300 \times 5$ mm³.

e) $C_{5/15}$, wie Probe $C_{4/15}$.

f) $C_{6/15}$, Schweißnaht mit umhüllter Elektrode, abgesetzte Raupen; die Raupen wurden in Abständen von etwa 70 mm etagenförmig in 5 Lagen übereinander angeordnet. Zwei Lagen 4-mm-Elektrode, 120 A, drei Lagen 5-mm-Elektroden und 140 A, Plattenmaße: $600 \times 300 \times 15$ mm³.

g) $K_{15}E$, umhüllte Elektrode, Keilspalt; fünf Lagen etagenförmig bei offenem Keilspalt; Etagenlänge 120 mm; 5-mm-Elektrode, 140 A; größte Spaltweite bei Beginn der ersten Lage 7 mm; Spalt verengte sich beim Legen der ersten Lage nach 150 mm Nahtlänge auf 2 mm und veränderte sich bis zur Beendigung der Schweißung nicht mehr; zwei Platten von je $600 \times 300 \times 15$ mm³.

h) K_3E, Schweißnaht mit umhüllter Elektrode, Bleche auf Keilspalt gelegt; Stumpfstoß, Einlagenschweißung mit 2 mm „Agil rot", 35 A. Abmessungen $600 \times 300 \times 3$ mm³.

i) PE_{15}, Schweißung und Abmessungen wie bei der Probe $C_{4/15}$.

k) $E_{15}Z$, gleich der Probe $C_{4/15}$, Platten während der Schweißung mit Schraubzwingen auf starrer Unterlage festgespannt.

l) $C_{9/15}$, Platte mit durch V-Naht eingeschweißtem Flicken, $150 \times 150 \times 15$ mm³; umhüllte 4-mm-Elektrode für 1. und 2. Lage, für die übrigen Lagen 5-mm-Elektrode; Schweißvorgang nach Heftung: , nach 2 unterbrochen und abgekühlt.

m) $C_{8/15}$, aufgeschweißte Verstärkung, $150 \times 150 \times 15$ mm³, Schweißung wie unter l).

Die Proben wurden von geübten Schweißern hergestellt, die meisten in der Schweißtechnischen Lehr- und Versuchsanstalt Duisburg. Die Proben $B_{2/10/a}$ und $B_{2/10/b}$ wurden von der Industriegas-A.-G., Zweigstelle Wagiro, Köln, und die Proben $B_{2/15/a}$ und $B_{2/15/b}$ von den Lehr- und Versuchswerkstätten für Schweißtechnik, Berlin-Charlottenburg, geliefert.

5. Proben für die Versuche über den Spannungsabbau.

Der Einfluß zusätzlicher äußerer Belastungen auf die Schweißspannungen wurde bei Zugbeanspruchung in Nahtrichtung verfolgt. Zu dem Zwecke wurden 3 Probestäbe für eine zur Verfügung stehende 100-t-Prüfmaschine von Losenhausen[1] in folgender Art hergestellt: Je zwei Flußstahlplatten (St 37), geglüht, mit den Abmessungen $1800 \times 100 \times 8$ mm³ wurden an den Längsseiten miteinander verschweißt, und zwar autogen, elektrisch mit nackter Elektrode und elektrisch mit umhüllter Elektrode in V-Naht, Flankenwinkel 60°; die beiden elektrisch hergestellten Nähte wurden wurzelseitig nachgeschweißt. Von vornherein war zu erwarten, daß bei der verhältnismäßig geringen Steifigkeit der Einzelplatten die Spannungen niedriger ausfallen würden als bei den 15 mm dicken und 300 mm breiten Platten der oben aufgezählten Prüfstücke. Um nun höhere Spannungen zu erzeugen, wurden die freien Längsränder dieser Plattenstreifen während des Schweißens auf 5 cm Breite durch Wasser gekühlt, damit ein den früheren breiten Prüfstücken einigermaßen entsprechender Temperaturgradient entstand. Bei den späteren Spannungsermittlungen erwies sich die Kühlung doch nicht als zweckmäßig, da hierdurch eine wenig übersichtliche Eigenspannungsverteilung verursacht worden war. Die Einspannenden waren auf 70 mm Breite verjüngt und durch beiderseitig mit Kehlnaht aufgeschweißte Bleche verstärkt.

Diese Probestäbe wurden statischen Belastungen bis zu Spannungen an der Fließgrenze unterworfen.

C. Mitteilung und Besprechung der Versuchsergebnisse.

1. Festigkeitseigenschaften der verwandten Werkstoffe.

Aus den untersuchten Platten wurden normale kreiszylindrische Probestäbe mit einem Durchmesser von 10 mm in der 110 mm langen Versuchsstrecke herausgearbeitet und dem Zugversuche unterworfen. Als Mittel aus mehreren Versuchen wurde erhalten:

Elastizitätsmodul: $E = 19750$ kg/mm², \
obere Fließgrenze: $\sigma_{F_o} = 24{,}7 \div 26$ kg/mm², \
untere Fließgrenze: $\sigma_{F_u} = 22{,}1 \div 23{,}5$ kg/mm², \
max. Dehnung bei σ_{F_u}: $\varepsilon = 2{,}5\%$, \
Höchstspannung: $\sigma_B = 36{,}3$ kg/mm², \
Bruchdehnung: $\delta = 37{,}2\%$.

Kugeldruckversuche zeigten eine Brinellhärte: $H_{10/3000/30} = 99{,}5$.

Für reinen in eine V-Naht autogen niedergeschmolzenen Zusatzdraht GV 1 ergaben sich an Zugstäben, aus der Schweiße herausgearbeitet, für die in Duisburg hergestellten Nähte folgende Werte:

Elastizitätsmodul: $E = 18100 \div 19700$ kg/mm², \
Fließgrenze: $\sigma_F = 22 \div 26$ kg/mm²;

obere und untere Fließgrenze zeigten sich nicht besonders ausgeprägt voneinander getrennt, da in diesen Proben immerhin einige Fehlstellen vorhanden waren, die den Übergang zur Fließgrenze verwischen und den Elastizitätsmodul niedriger erscheinen lassen; denn der aus dem Außendurchmesser der Stäbe errechnete und als tragend angenommene Querschnitt ist durch die Fehlstellen verringert.

max. Dehnung an der Fließgrenze: $\varepsilon = 0{,}5\%$, \
Höchstspannung: $\sigma_B = 36{,}2\ (25{,}4)$ kg/mm², \
Bruchdehnung: $\delta = 7{,}9\%$.

---

[1] Herrn Professor Müllenhoff, dem Leiter des Laboratoriums für Eisenbau an der Technischen Hochschule Aachen, sei an dieser Stelle für die Überlassung der Prüfmaschine zu diesen Versuchen der herzlichste Dank ausgesprochen.

Bei der Beurteilung von Höchstspannung und Bruchdehnung sind die besonderen Verhältnisse, die vorhin für die Fließgrenze hervorgehoben wurden, ebenfalls zu berücksichtigen. Diese bedeuten an sich noch keine besondere Minderwertigkeit der Schweißung, da in den Ergebnissen des Zugversuches alle Fehler über eine große Nahtlänge sich addieren.

In die Naht zwischen den vollständig gesunden Werkstoff der Platten eingebaut können sich derartige Fehler nicht so auswirken.

Die Kugeldruckhärte betrug in der Schweiße: $H_{10/3000/30} = 115$ kg/mm^2; nach den bekannten Beziehungen zwischen σ_B und H würde dies erfahrungsgemäß einer Festigkeit der Schweiße ohne Fehlstellen von 40 kg/mm^2 und einer Fließgrenze von 26 kg/mm^2 entsprechen.

An dem für die Proben $B_{2/15/a}$ und $B_{2/15/b}$ verwandten Zusatzdraht GV 1 wurden an Zugstäben, aus der Naht herausgearbeitet, folgende Festigkeitseigenschaften festgestellt:

$E = 19000 \div 18350$ kg/mm^2,
$\sigma_F = 20 \div 22$ kg/mm^2,
$\varepsilon_F = 1{,}5 \div 2$ %,
$\sigma_B = 31{,}4 \div 32{,}5$ kg/mm^2,
$\delta = 14 \div 20$ %.

Härte: $H_{5/750/30} = 102$ kg/mm^2 entsprechend einer Festigkeit $\sigma_B = 35{,}7$ am fehlerfreien Stabe.

Die Naht war nicht besonders gut ausgefallen und mit vielen kleineren Kaltschweißstellen und Hohlräumen versehen, welche die niedrigen Festigkeitswerte erklären.

Zugversuche an niedergeschmolzenem Zusatzdraht GV$_2$ ergaben folgende Festigkeitswerte:

$E = 18900 \div 19200$ kg/mm^2,
$\sigma_F = 26 \div 31$ kg/mm^2,
$\varepsilon_F = 0{,}3 \div 1$ %,
$\sigma_B = 37{,}8 \div 41{,}7$ kg/mm^2,
$\delta = 6{,}25 \div 8{,}25$ %.

Die Brinellhärte betrug $H_{10/3000/30} = 142$ kg/mm^2. Im geglühten Zustande war die Härte: $H_{5/750/30} = 146$ kg/mm^2.

Bei Stäben aus Elektroschweiße von nackter Elektrode wurden folgende Werte gefunden:

$E = 18800 \div 19000$ kg/mm^2,
$\sigma_F = 32{,}3 \div 30{,}0$ kg/mm^2,
$\varepsilon_F = 0{,}3 \div 2{,}0$ %,
$\sigma_B = 39{,}5 \div 41{,}7$ kg/mm^2,
$\delta = 6{,}25 \div 7{,}5 \div 3{,}7$ %.

Härte: $H_{10/3000/30} = 185$ kg/mm^2. Im geglühten Zustande betrug die Härte $H_{5/750/30} = 143$ kg/mm^2.

Die Versuche an Stäben aus elektrisch mit umhüllter Elektrode geschweißten Nähten ergaben:

$E = 19550 \div 20150$ kg/mm^2,
$\sigma_F = 39{,}5 \div 50{,}0$ kg/mm^2,
$\varepsilon_F = 1{,}25 \div 2{,}0$ %,
$\sigma_B = 50{,}0 \div 58$ kg/mm^2,
$\delta = 5 \div 10{,}2$ %.

Härte: $H_{10/3000/30} = 167$ kg/mm^2; dieser Härte würde bei fehlerfreien Stäben eine Zugfestigkeit $\sigma_B = 58$ kg/mm^2 entsprechen.

Der Rückschluß auf die Festigkeit aus den Härtewerten nach den gewöhnlichen Umrechnungsformeln ist wohl nicht ganz einwandfrei, da die Wahrscheinlichkeit groß ist, daß der Werkstoff in der Schweiße bereits durch die Wärmeschrumpfungen plastisch verformt und damit verfestigt ist, und weil bei der schnellen Abkühlung auch eine Härtesteigerung durch Abschrecken möglich ist.

In dieser Zusammenstellung sind als Grenzwerte die niedrigsten und höchsten der beobachteten Werte angegeben. Die Mittelwerte liegen näher an den Höchstwerten. Bei den Stäben aus der Autogenschweiße wirken die Fehlstellen bei Zug in Nahtrichtung ungünstig, da sie in Form eines ganz flach gedrückten Ellipsoids mit den größten Achsen quer zur Zugrichtung hohe Kerbspannungen erzeugen. Bei einer Zugrichtung quer zur Naht würden sie gar keinen Einfluß auf die Festigkeit haben. In den Elektroschweißen dagegen sind die Fehlstellen mehr kugelförmig, daher bedingen sie kleinere Kerbspannungen, aber solche von gleicher Höhe für jede Kraftrichtung.

2. Einfluß der Erwärmungszone.

Die Unterschiede in den Spannungsverteilungen an den ungeteilten Platten A_2 und A_3 mit verschieden breiter Erwärmungszone erweisen sich als aufschlußreich. Die wichtigsten Meßergebnisse auf Vorder- und Rückseite bringen die Abb. 2 und 3. Beide Platten zeigen bereits den auch für die Schweißverbindungen charakteristischen Spannungsverlauf. Überall sind Normalspannungen berechnet und aufgetragen worden. Die Spannungsverteilung, die für zwei Hauptschnitte in Probenmitte durch die Naht und quer dazu aufgezeichnet ist, ergibt für die Nahtmitte die Höchstspannungen. Von den senkrecht zur Schnittebene wirkenden Spannungen kann man, da für die ganze Plattenstärke ein genauer Mittelwert nicht ermittelt wurde, und über die Schnittbreite die Spannungen sich noch erheblich ändern, nicht verlangen, daß sie sich das Gleichgewicht halten. Das beweist schon die verschiedenartige Verteilung über die Schnitte an Vorder- und Rückseite. Aber abgesehen davon, daß die genaue Spannungsverteilung über den ganzen Schnitt noch nicht bekannt ist, kann man von den aus beiden Seiten gemittelten Werten sagen, daß sie sich meistens ziemlich gut Gleichgewicht halten.

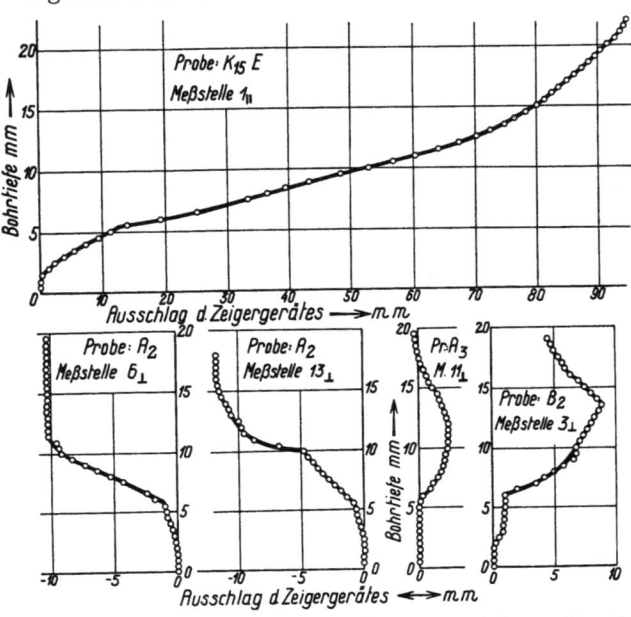

Abb. 1. Bohrkurven bei verschiedenen Spannungsverteilungen über die Plattendicke.

In Abb. 1 sind verschiedene Bohrkurven[1] (Bohrtiefe in Abhängigkeit vom Zeigerausschlag des Meßinstrumentes) gezeigt, aus denen auf die Spannungsverteilung über die Dicke folgendes hervorgeht:

Schaubild a: über die ganze Plattendicke herrschen Zugspannungen von sehr großer Höhe.

Schaubild b: zunächst der Oberfläche bestehen mäßige Druckspannungen, die bei einer Tiefe von 5 mm auf Null absinken; im übrigen Teile des Querschnittes sind an dieser Stelle die Spannungen gleich Null.

Schaubild c: zeigt, daß in einer Tiefe bis 5 mm allmählich ansteigende Druckspannungen bestehen, die in größerer Tiefe unvermittelt stärker werden.

Schaubild d: zunächst der Oberfläche bestehen Zugspannungen, die allmählich bei einer Tiefe von etwa 7 mm auf Null absinken und in so starke Druckspannungen übergehen, daß der Zeiger der Meßvorrichtung über die Anfangsstellung hinaus nach der entgegengesetzten Seite ausschlägt.

Schaubild e: bringt einen dem vorhergehenden ähnlichen Fall: der Übergang von Zug auf Druck erfolgt jedoch ziemlich plötzlich. Diese wenigen Beispiele zeigen, daß durch den Schweißvorgang ein sehr verwickelter räumlicher Spannungszustand hervorgerufen wird, und daß die

---

[1] Siehe Anm. 4, S. 28.

Messungen nach dem Bohrverfahren deshalb schon sehr wertvoll sind, weil in ihnen ein Mittelwert für die Spannungsverteilung über eine gewisse Tiefe erfaßt wird, bei dem die Spannungen zunächst der Oberfläche naturgemäß stärker in Erscheinung treten als die in größerer Tiefe.

Im einzelnen sei zu der gewählten Darstellung der Versuchsergebnisse über die Eigenspannungsverteilung noch folgendes bemerkt: Bei den Bohrungen treten Rückfederungen auf, die weit höher sind als die elastischen Dehnungen beim einfachen Zugversuch. Hier ist nun zu entscheiden, welche Spannungen diesen Deformationen zuzuschreiben sind. Die Lochverformung wurde quer und parallel zur Naht gemessen. Beide beeinflussen sich gegenseitig entsprechend der Beziehung zwischen Längs- und Querdehnung nach den Lehren der Elastizitätstheorie. Nach den Berechnungen von Kirsch[1] für ein Loch in Stäben von unendlicher Breite und von Willheim und Leon[2] für ein Loch in Stäben von begrenzter Breite u. a. m. lassen sich die Anteile von den Spannungen in bekannten Richtungen voneinander trennen. Diese Trennung muß unbedingt durchgeführt werden wie bei allen derartigen Deformationsmessungen; geschieht dies nicht,

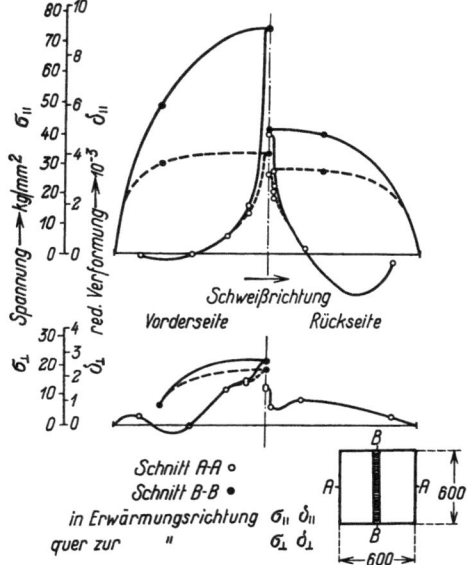

Abb. 2. Eigenspannungen bei schmaler Erwärmungszone, Probe $A_{3/15}$, Plattenstärke 15 mm.

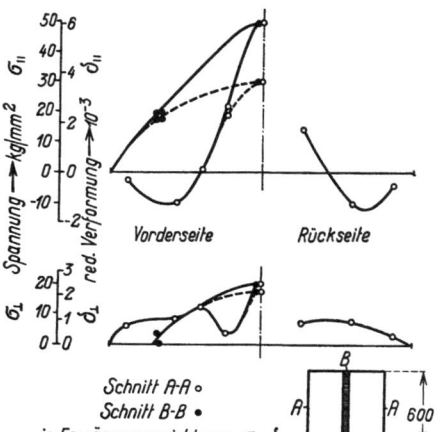

Abb. 3. Eigenspannungen bei breiter Erwärmungszone, Probe $A_{2/15}$, Plattenstärke 15 mm.

so erhält man leicht ganz falsche Spannungen sowohl der Größe nach als auch, was das Vorzeichen angeht. Man kann dann manchmal Zug bekommen, wo Druck herrscht und umgekehrt. Fehler von 100% und mehr sind ohne weiteres möglich. Es ist keineswegs gerechtfertigt, die gemessenen Dehnungen mit der Dehnungszahl vervielfacht als Spannungen zu bezeichnen, da bei einem mehrachsigen Spannungszustand dies mit den einfachsten Lehren der Elastizitätstheorie in Widerspruch steht. Deshalb müssen alle Verformungen dementsprechend umgerechnet und für die Spannungen der Hauptrichtungen reduziert werden. Die so errechneten Verformungen wurden auf die ursprüngliche Meßstrecke bezogen und dann als reduzierte Verformungen δ bezeichnet. Die reduzierten Verformungen ergeben bei vollkommener Elastizität und Gültigkeit des Hookschen Gesetzes mit dem Schubelastizitätsmodul vervielfacht unmittelbar die Spannungen. In den Abb. 2 und 3 sind die Maßstäbe für die reduzierten Verformungen und Spannungen in einem einander entsprechenden Verhältnis aufgetragen. Würde für alle Spannungen das Hooksche Gesetz noch gelten, so wären sie den durchgezogenen Kurven zu entnehmen. Bei einachsigen gleichmäßigen Spannungszuständen kann man bei Gültigkeit des Hookschen Gesetzes die Spannungen berechnen oder nach Versuchen an sehr breiten Stäben die zu den Lochdeformationen gehörenden Spannungen besonders hergestellten Eichkurven entnehmen. Benutzte man derartige Eichkurven im Falle der Eigenspannungen in Schweißverbindungen, also unter Vernachlässigung der behinderten Formänderung, so würden die Eigenspannungen

---

[1] ZVDI Bd. 42 (1898) S. 797/807. [2] Z. Math. Physik Bd. 64 (1916) S. 233.

durch die strichliniierten Kurven dargestellt. Bei der Spannungsverteilung, die hier und in Schweißverbindungen vorhanden sind, gelten die bei gleichmäßigen einachsigen Spannungszuständen gefundenen Eichkurven aber nicht mehr. Der Zusammenhang der Deformationen mit den Spannungen und der Spannungsverlauf bedürfen daher einer näheren Betrachtung.

Alle Bedingungen für das Zustandekommen erheblicher Formänderungsbehinderungen und Streckgrenzenerhöhungen sind in Schweißnähten gegeben. Eine schnelle Änderung der Spannungen und räumliche Spannungszustände werden hervorgerufen, bei denen alle drei Hauptspannungen beträchtliche Werte annehmen. Aus den vielen hierüber angestellten Versuchen ist bekannt, daß mit der Streckgrenze die Proportionalitätsgrenze gleichfalls erhöht wird.

In genügender Entfernung von der Naht würde man bei großer Ausdehnung der Platte keine Spannungen mehr antreffen. Derartige Plattenabmessungen kommen in Wirklichkeit kaum vor. Aber wenn auch schon die Plattenbreite quer zur Naht etwa den zwanzigfachen Betrag der Plattendicke ausmacht, sinken die Spannungen am Rande auf einen Bruchteil derjenigen in Nahtmitte oder auf Null ab. In nicht allzu großer Entfernung von der Naht sind der Spannungsgradient und die Spannungen quer zur Naht noch nicht sehr groß, so daß hier eine Behinderung der Formänderungen wegen schneller örtlicher Spannungsänderung ebenfalls nicht vorkommt. In der Naht und in ihrer nächsten Nähe ändert sich die Spannung von Ort zu Ort in der Querrichtung aber sehr stark. In Nahtrichtung dagegen findet man den größten Spannungsgradienten am Plattenrande, so daß hier eine Formänderungsbehinderung zu erwarten ist; am geringsten ändert sich in dieser Richtung die Spannung bei großer Nahtlänge in Nahtmitte.

Auf einem Wege vom Plattenrand quer zur Naht wird die Spannung in aufeinander folgenden Bereichen ohne starke örtliche Änderungen zuerst nur geringe Werte annehmen und auch ihr Vorzeichen wechseln können, bis sie dann mit der Näherung an die Naht in schneller Folge die normale Proportionalitäts- und Fließgrenze überschreitet und in der Naht selbst weit über die gewöhnliche Fließgrenze anwachsen kann. Eng nebeneinander können also elastisches und plastisch fließendes Gebiet liegen, zwischen denen zufolge der Bedingung einer Kontinuität der Verschiebungen ein Bereich des allmählichen Übergangs von elastischer zu plastischer Formänderung eingeschoben sein muß. Die Breite des Gebietes wird von dem hier herrschenden Spannungsgradienten, der Größe der Hauptspannungen und den Hauptspannungsdifferenzen abhängen. Für diesen Bereich des gemischten Spannungszustandes ist eine kleinste mögliche Breite gegeben durch die Stetigkeitsforderung betreffs der Verschiebungen bei kleinem einwertigen Spannungsgradienten im einachsigen Spannungszustande. Die Breite wächst mit den Spannungsgradienten, mit der Zunahme der Hauptspannungen und abnehmender Differenz der Hauptspannungen. Die schnelle Veränderung der Spannungen in einem Schnitte quer zur Naht wird zusammen mit der relativ zur ersten Hauptspannung hohen dritten Hauptspannung — die zweite Hauptspannung, in den hier vorgeführten Fällen quer zur Plattenmittelebene gerichtet, wird bei dicken Platten von der Größe der ersten Hauptspannung, bei dünnen hingegen gering sein — ein Fließen bis zu Spannungen nahe an der Kohäsionsfestigkeit verhindern können. Wird die Spannungsspitze bei gleicher Höhe der Maximalspannungen durch Erbreiterung dieses Gebietes abgeflacht, der Spannungsgradient also kleiner, so wird von einer gewissen Breite ab ein labiler Zustand in der Mitte eintreten. Es ist dann nicht sicher, ob eine vollständige Fließbehinderung noch vorhanden ist oder ob schon für die Spannungen die Fließbedingung gilt, während die Verschiebungen von der Größenordnung der elastischen Deformationen sind. In der Mitte ist dann nur irgendeine Fehlstelle oder eine kleine zusätzliche Spannung notwendig, um eine plastische Formänderung eintreten zu lassen. Dann sinken aber auch die Spannungen wesentlich ab, und wir haben ein Gebiet des Zusammenbruchs der Spannungen vor uns. Weiter unten werden Versuche mitgeteilt, bei denen diese Erscheinungen eingetreten sind. Die Formänderungsbehinderung durch die veränderliche Spannungsverteilung wird vielfach bezeichnet als Stützwirkung, d. h. die Fasern mit Spannungen unterhalb der Streckgrenze lassen in den benachbarten höher beanspruchten Fasern eine Fließbewegung nicht aufkommen.

Da in den ausgezogenen Kurven die Überschreitung der Proportionalitätsgrenze nicht berücksichtigt ist, könnten die daraus entnommenen Spannungen vielleicht um ein geringes zu hoch sein, während anderseits die strichlinierte Kurve bestimmt zu niedrige, nicht vertretbare Werte angibt. Aber schon die Spannungen nach der strichlinierten Kurve auf der unsicheren Seite sind bei weitem höher, als man nach bisherigen Mittelwertsermittlungen annahm. Daß sie die normale, beim einachsigen Spannungszustande natürliche Streckgrenze erreichen mußten, war selbstverständlich. Sie wachsen aber weit darüber hinaus wegen der hohen Spannungsgradienten, wegen des mehrachsigen Spannungszustandes und der hierdurch bedingten Deformationsbehinderung. Diese Verhältnisse sind außerordentlich wichtig für das Verhalten der Verbindung bei zusätzlichen Beanspruchungen[1].

Nach den Abb. 2 und 3 ist der Unterschied zwischen den durch die schmale und breite Erwärmungszone erzeugten Spannungen recht erheblich. Die Formänderung ist gemäß den vorhergehenden Ausführungen bei der schmalen Erwärmungszone viel mehr behindert als bei der breiten, und die Höchstspannungen sind dementsprechend merklich höher. Bei der schmalen Erwärmungszone betragen sie in Plattenmitte 74,6 kg/mm² parallel und 21,6 kg/mm² senkrecht zur Erwärmungszone. Bei der breiten Erwärmungszone sind die höchsten Spannungen 49,5 kg/mm² parallel und 20,9 kg/mm² senkrecht zur Erwärmungszone in Plattenmitte. Da die Spannungshügel bei der breiten Erwärmungszone viel flacher verlaufen, wird bei zusätzlicher, gleichmäßig verteilter Spannung durch äußere Kräfte eher Fließen und damit Spannungsabbau eintreten als bei der schmalen Zone mit den plötzlich ansteigenden Spannungsspitzen. Die Festigkeit wird in beiden Platten bei äußeren Kräften in Nahtrichtung größer sein als quer dazu, weil in diesem Falle die Fließschubspannung eher erreicht ist. Den hohen Zugspannungen in der Erwärmungszone (Schnitt A—A) und ihrer Umgebung wird durch noch höhere Druckspannungen in den Außenbezirken das Gleichgewicht gehalten. Bemerkenswert ist bei dem Schnitt A—A durch die Erwärmungszone der Verlauf der zur Schnittrichtung senkrechten Spannungen für die Entstehung der Eigenspannungen.

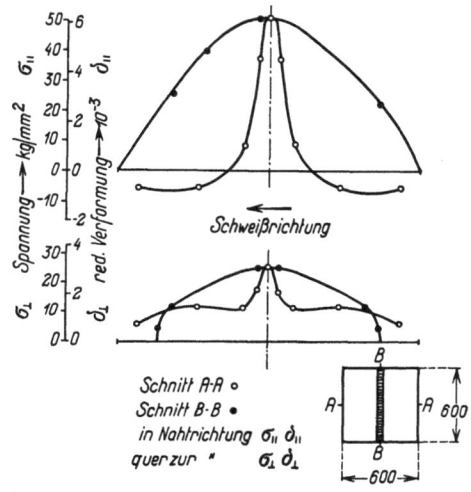

Abb. 4. Eigenspannungen bei Gasschmelzschweißung, Probe $B_{2/15}$; elektrisch vorgeheftet, Zusatzdraht GV_1.

3. Eigenspannungen in geschweißten Nähten.

a) Autogene Schweißverbindungen. Von den autogenen Schweißverbindungen sind die wichtigsten Meßergebnisse an den Platten verschiedener Dicke, 15, 10 und 5 mm, der B_2-Gruppe, die alle nach der gleichen Methode behandelt wurden, in den Abb. 4, 5 und 6 für einen Vergleich von besonderem Werte. Die Spannungsverteilung in der 15 mm dicken Platte $B_{2/15}$, Abb. 4, ist fast die gleiche wie bei der ungeteilten Platte A_2 mit der breiten Erwärmungszone, sowohl was den Verlauf, als auch was die Höhe anbetrifft. Der Spannungshügel im Schnitt quer zur Naht steigt etwas steiler an. In der Nahtmitte wurden die absolut höchsten Spannungen festgestellt; sie betragen 50,6 kg/mm² in der Richtung parallel zur Naht und 25,4 kg/mm² in der Querrichtung. Dies ist leicht erklärlich, da der in der Naht niedergeschmolzene Werkstoff beinahe die gleichen Festigkeitseigenschaften hat wie der Plattenwerkstoff.

An einer Verbindung durch Gasschmelzschweißung zwischen 2 Platten mit der doppelten Länge und Breite, Probe $B_{2/15/a}$ wurde festgestellt, daß bei einer Nahtlänge von 350 mm für die Spannungen in Nahtrichtung der Höchstwert mit 54,8 kg/mm² erreicht und demnach nicht wesentlich höher ist als bei der Probe $B_{2/15}$; die Querspannung an der gleichen Stelle ist 28,6 kg/mm². Dieses Beispiel läßt erkennen, daß bei den Probenabmessungen von 600 × 600 × 15 mm³ die Nahtlänge genügte, um die höchsten auftretenden Nahtspannungen zu erfassen.

---

[1] Bollenrath, F.: Behinderte Formänderung in Schweißnähten. Stahl u. Eisen 54 (1934) S. 630/34.

Die Probe $B_{2/10}$ aus 10 mm dicken Platten zeigt in Abb. 5 schon eine von der 15 mm dicken Platte ganz abweichende Spannungsverteilung. In der Schweiße selbst hat sich das relativ zur Plattendicke breite Gebiet mit der Streckgrenzenerhöhung nicht halten können. Hier ist infolge der Kerbwirkungen, die von den Raupen ausgehen, infolge der größeren Hauptspannungsdifferenz, die vorübergehend während der Abkühlung auftrat, und wegen der geringeren Spannungen quer zur Oberfläche Fließen eingetreten, und die hohen Spannungen sind verschwunden; es sind nur noch Spannungen in Streckgrenzenhöhe — 24,2 kg/mm² — vorhanden. Dies ist der Fall über die ganze Nahtlänge. In den angrenzenden Streifen dagegen ist die Spannungserhöhung und Formänderungsbehinderung noch vorhanden; die Spannungen in Nahtrichtung sind 55,6 kg/mm². Bemerkenswert ist in dem quer zur Naht gelegten Mittelschnitt $A-A$ die Verteilung der Spannungen parallel und senkrecht zur Nahtrichtung. Die Spannungen in Nahtrichtung wechseln symmetrisch zur Mitte mehrmals ihr Vorzeichen, so daß man ein zweimal seinen Drehsinn wechselndes Biegemoment annehmen muß. In der Naht selbst sind die Querspannungen auch ganz anders ausgefallen als bei der 15 mm dicken Probe $B_{2/15}$. Am Rande

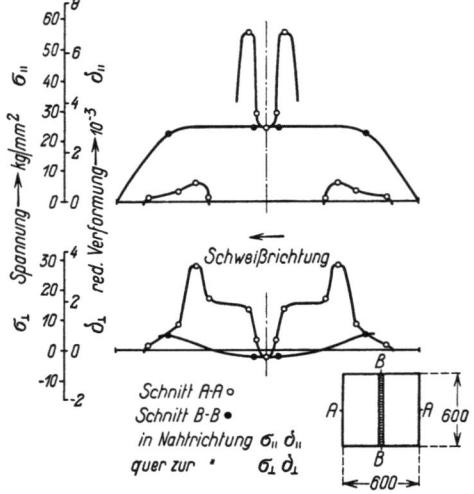

Abb. 5. Eigenspannungen bei Gasschmelzschweißung, Probe $B_{2/10}$; elektrisch vorgeheftet, Zusatzdraht GV_1.

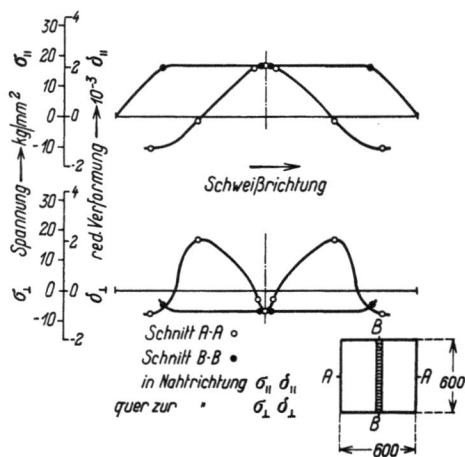

Abb. 6. Eigenspannungen bei Gasschmelzschweißung, Probe $B_{2/5}$; elektrisch vorgeheftet, Zusatzdraht GV_1.

herrscht wie früher Druck, weiter zur Mitte folgt Zug und dann wieder Druck. Diese Art der Verteilung rührt daher, daß die Nahtlänge, bezogen auf die Plattendicke, größer ist. Es ist leicht erklärlich und einzusehen, daß bei wachsender Nahtlänge quer zur Naht nicht nur an den Enden Druckgebiete sein können, die den Zugspannungen in dem ganzen dazwischen liegenden Teile der Naht das Gleichgewicht halten. In einer sehr langen Naht müssen Druck und Zug miteinander abwechseln. Hierauf deutet auch schon eine Erscheinung bei der Probe $B_{2/15/a}$ hin, wo nach Erreichen der oben angeführten Höchstwerte die Spannungen im mittleren Teile der Naht wieder abgesunken sind auf 10 kg/mm² in Nahtrichtung und auf — 19 kg/mm² quer zur Naht.

Bei der Probe $B_{2/5}$ aus 5 mm dicken Platten ist nach Abb. 6 die Änderung der Spannungsverteilung infolge abnehmender Querabmessungen noch verstärkt. Nirgendwo überschreiten die Eigenspannungen mehr die Fließgrenzenspannung. Die höchste Spannung ist 20,5 kg/mm² in Nahtrichtung. Der Schnitt $B-B$ durch die Naht zeigt fast über die ganze Länge eine gleichbleibende Spannung in Nahtrichtung. Die Spannungsverteilung quer zur Naht ergibt, ähnlich wie bei der Probe $B_{2/10}$, außen Druck, dann Zug und in Nahtmitte wieder Druck.

Bei der Platte $B_{4/15}$ sind nach den in Abb. 7 eingetragenen Werten die Höchstspannungen ebenfalls in Nahtmitte, und zwar von der Größe 46,7 kg/mm² in Nahtrichtung und 20,5 kg/mm² quer dazu. Durch das Schmieden hat sich demnach die Spannungshöhe nicht stark verringert. Das Schmieden muß noch bei ziemlich hohen Temperaturen erfolgen, bei denen die Streckgrenze sehr niedrig ist, und sich daher keine nennenswerten Spannungen entwickeln können. Erst die ungleichmäßige, streifenweise Abkühlung, schätzungsweise ab 550° C, wo die Festigkeit bei der Abkühlung merklich zu steigen beginnt, bedingt die Schrumpfspannungen in der Naht. Gegenüber der Vergleichsplatte $B_{2/15}$ ist die Spannungsverteilung unsymmetrisch über die Nahtlänge, was aber nicht von besonderer Bedeutung ist. Durch das Hämmern der Naht ist etwas die Verteilung der senkrecht zur Naht gerichteten Spannungen über den Schnitt $A-A$ in der Naht verändert worden, insofern hier die Spannungen gegenüber denen am Nahtrande um ein geringes abgesunken sind, 20,5 kg/mm² gegenüber 21,5 kg/mm². Hieraus darf nicht gefolgert werden, daß ein Schmieden der Naht zwecklos wäre. Zur Gefüge- und Eigenschaftsverbesserung des eingeschmolzenen Zusatzwerkstoffes und der angrenzenden Plattenstreifen ist es sehr wertvoll.

Die Schweißnaht bei offenem Keilspalt an der Platte $B_{6/15}$ zeigt den günstigen Einfluß einer vollkommen freien Beweglichkeit der Platte bei einem Vergleich mit den vorhin besprochenen, elektrisch vorgehefteten. Es wird genügen, hier einige Messungen über einen Querschnitt durch die Nahtmitte zu besprechen, die in Abb. 8 eingetragen wurden. Die größte Zugspannung in Nahtrichtung ist 31,9 kg/mm² und quer zur Naht 18,7 kg/mm². Die Verteilung der Zugspannung quer zur Naht ist unsymmetrisch. Von Plattenmitte ab ist die Schweißmethode — Rechtsschweißung, Linksschweißung — gewechselt worden, und daher liegt der Sachverhalt nicht ganz klar. Über den Unterschied der Spannungen bei Rechts- bzw. Linksschweißung wurden besondere Untersuchungen angestellt, über die weiter unten berichtet wird.

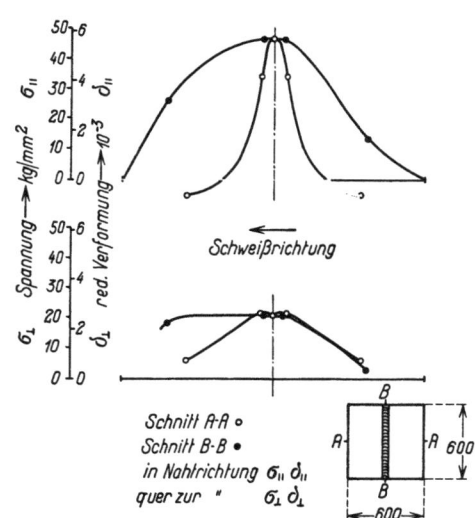

Abb. 7. Eigenspannungen bei Gasschmelzschweißung, Probe $B_{4/15}$; elektrisch vorgeheftet, Naht in Hellrotglut gehämmert, Zusatzdraht GV_1.

Wie verschiedentlich hervorgehoben wurde, ist bei einem Vergleich mehrerer Schweißungen miteinander zu beachten, daß jede Änderung einer der vielen Umstände wie Schweißgeschwindigkeit, Brennereinstellung und -Führung, Brennergröße, Spaltweite usw. eine Veränderung der Bedingungen für die Spannungsentstehung bedeutet. Ein Beispiel hierfür bieten

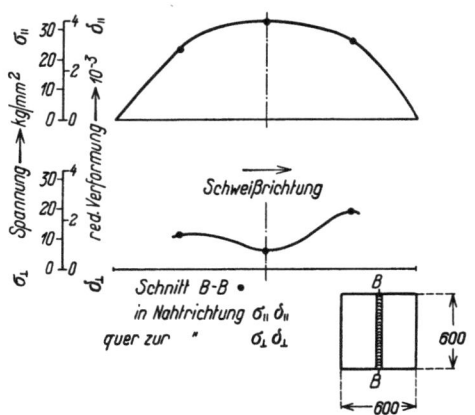

Abb. 8. Eigenspannungen bei Gasschmelzschweißung, Probe $B_{6/15}$, Platten auf Keilspalt gelegt, Zusatzdraht GV_1.

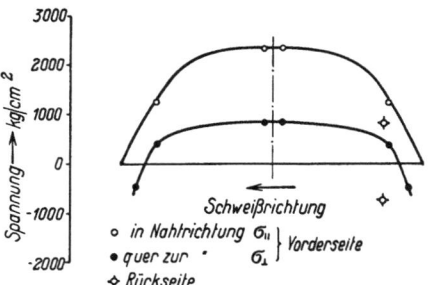

Abb. 9. Eigenspannungen bei Gasschmelzschweißung, Probe $B_{2/15/b}$, elektrisch vorgeheftet, Zusatzdraht GV_1.

die beiden folgenden Proben $B_{2/15/b}$ und $B_{2/15/c}$, die in einer anderen Werkstätte von anderen Schweißern hergestellt wurden. Wie aus Abb. 9 zu ersehen ist, sind bei der Probe $B_{2/15/b}$ (Einlagenschweißung), die der Probe $B_{2/15}$ entspricht und mit dem gleichen Zusatzdraht geschweißt wurde, die Spannungen beträchtlich niedriger. Als Höchstwerte wurden in der Nahtmitte 23,5 kg/mm² in Nahtrichtung und —13,0 kg/mm² näher dem Nahtende quer zur Nahtrichtung ermittelt, also unter der Streckgrenze.

Die in zwei Lagen geschweißte Probe $B_{2/15/c}$ hat ebenfalls niedrigere Nahtspannungen. Nach den Messungen sind die größten Spannungen ungefähr in der Plattenmitte 10 mm neben der Naht,

19,4 kg/mm² in Nahtrichtung und am Nahtanfang — 14,40 kg/mm² quer zur Nahtrichtung. Die Verteilung der Spannungen ist bei der Zweilagenschweißung nicht so regelmäßig in ihrem Verlauf wie bei den bisher besprochenen Proben. In der Naht selbst ist die größte Zugspannung in Nahtrichtung 17,4 kg/mm².

Daß in den beiden letzten Proben sehr viel niedrigere Nahtspannungen sind als in den früher angeführten ist zu einem großen Teil den Fehlstellen in der Schweiße zuzuschreiben, welche die Spannungen entweder in dem früheren Maße überhaupt nicht aufkommen lassen oder, bei einer gewissen Höhe durch örtliche Deformationen und Zerstörungen abbauen. Die Zugversuche an Stäben aus der Naht, also aus niedergeschmolzenem Zusatzmaterial bestätigen diese Annahme. Die sehr zahlreichen, wenn auch kleinen Fehlstellen erklären die niedrige Streckgrenze, Festigkeit und Dehnung. Man sieht, daß niedrige Nahtspannungen kein Beweis für eine gute Schweißung sein müssen, man kann im Gegenteil annehmen, daß bei unverhältnismäßig niedrigen Nahtspannungen wahrscheinlich Fehlstellen vorhanden sind. Untersuchungen mit Röntgenstrahldurchleuchtung bestätigten diese Annahmen vollkommen, denn die elektrisch geschweißten Proben mit den absolut höchsten Spannungen zeigten eine fast vollständig fehlerfreie Naht.

Bei Mehrlagenlinksschweißung an der Probe $B_{5/15}$ mit Zusatzdraht GV_1 erreichen die Spannungshöchstwerte in Nahtmitte gerade die normale Streckgrenze mit 26,7 kg/mm² in Nahtrichtung; die Querspannung an dieser Stelle ist 3,56 kg/mm²; die entsprechenden Nahtspannungen 120 mm vom Nahtanfang sind 14,0 und 6,77 kg/mm² bzw. 105 mm vom Nahtende 16,0 und 8,7 kg/mm².

Den Einfluß eines Zusatzdrahtes höherer Festigkeit zeigen die Proben $B_{2/10/a}$ und $B_{2/10/b}$, die mit GV_2 verschweißt wurden, bei einem Vergleich mit den an Probe $B_{2/10}$ ermittelten Nahtspannungen. Die Einlagenrechtsschweißung an Probe $B_{2/10/a}$ hat als höchste Spannungen in Nahtmitte 32,8 kg/mm² parallel und 10,6 kg/mm² quer zur Naht. Diese Spannungen sind demnach 60% höher in Nahtrichtung als bei GV_1 zufolge der höheren Streckgrenze von GV_2. Die Spannungen quer zur Naht werden bei 125 mm vom Nahtende Null und gehen in Druck am Nahtende über.

Bei Einlagenlinksschweißung an Probe $B_{2/10/b}$ wurden erheblich niedrigere Spannungen als bei der Rechtsschweißung gemessen. Jedoch werden die Meßergebnisse nur mit Vorbehalt mitgeteilt, da die Naht am Ende über eine Länge von mehreren Zentimetern gerissen war, so daß bereits ein teilweiser Abfall der inneren Spannungen erfolgt ist. Die größte Spannung in Nahtrichtung ist 17,8 kg/mm² 11 cm vom Nahtanfang; quer zur Nahtrichtung wurden 21,4 kg/mm² Druckspannung 3 cm vom Nahtanfang gefunden.

b) Elektrisch geschweißte Verbindungen. Durchweg ergibt die Elektroschweißung viel höhere Spannungen als die Autogenschweißung; wohlbemerkt handelt es sich hier um die primären Nahtspannungen. Dies rührt einmal von der schmalen Erwärmungszone her, wie wir bei den Vorversuchen gesehen haben, dann aber auch besonders bei den mit umhüllten Elektroden geschweißten Verbindungen von den wesentlich höheren Festigkeitseigenschaften des in die Naht niedergeschmolzenen Schweißgutes. Da hier St 37 durch ein Schweißgut mit einer Festigkeit bis zu 58 kg/mm² und einer Fließgrenze von 49 kg/mm² verbunden ist, entwickeln sich ganz eigenartige Schweißspannungsverteilungen. Die umhüllten Elektroden sind nicht auf das Plattenmaterial abgestimmt. Die Bedingung möglichst geringer Eigenspannungen erfordert aber eine Angleichung der Werkstoffeigenschaften in Platte und Naht aneinander. Es ist nicht besser, in der Naht bei St 37 einen Werkstoff ähnlich St 52 zu haben, weil dann die Naht selbst bestimmt höhere Belastungen vertragen kann; im Gegenteil, da die an die Naht grenzenden Streifen aus St 37 dann bereits mit viel höheren Spannungen behaftet sind, wird die Verbindung neben der Naht nur noch geringere zusätzliche Belastungen vertragen. Anders liegen die Verhältnisse natürlich bei elektrisch mit den hier benutzten ummantelten Elektroden geschweißten Verbindungen, z. B. an Platten aus St 52. Hier würde die Naht autogen mit GV_1 geschweißt minderwertiger sein, weil das niedergeschmolzene Zusatzmaterial gegenüber St 52 zu niedrige Festigkeitseigenschaften hat. Die ersten beiden Proben $C_{3/15}$ und $C_{4/15}$ sollen einen Vergleich von nackter und umhüllter Elektrode ermöglichen. Die mit nackter Elektrode geschweißte Probe hat die in Abb. 10 aufgezeichneten Eigenspannungen. In der

Nahtmitte sind 74,6 kg/mm² Spannung in Richtung der Naht und 16,4 kg/mm² quer dazu; das entspricht den gleichen reduzierten Formänderungen, die an der ungeteilten Platte $A_{3/15}$ mit schmaler Erwärmungszone festgestellt wurden. Vollkommen frei von Zusatzmaterial war die Probe $A_{3/15}$ ja nicht, da der Einbrand von 2 mm mit nackter Elektrode wieder zugeschweißt wurde. Der Querschnittsanteil des niedergeschmolzenen Zusatzdrahtes betrug aber höchstens 13% in der Erwärmungszone.

Die umhüllte Elektrode erzeugt noch größere Eigenspannungen als die nackte Elektrode. Aus der Abb. 11 geht hervor, daß in der Platte $C_{4/15}$, die gegenüber der Naht an der Platte C_3 eine breitere Erwärmungszone hat, trotzdem die Spannungsverteilung sich schnell ändert und unerwartet hohe Spannungsspitzen auftreten. Die Gründe dafür sind wieder im wesentlichen die hohen Festigkeitseigenschaften des in die Naht eingeschmolzenen Zusatzwerkstoffes. Die Verteilung der Normalspannungen über den zur Naht senkrechten Mittelschnitt $A—A$ läßt die oben angedeutete Wirkung des Werkstoffes in der Naht klar erkennen. In der Nachbarschaft der Naht scheint in der Platte über eine gewisse Streifenbreite Fließen stattgefunden zu haben, denn die Kurve der Spannungen quer und parallel zur Naht zeigt hier in dem Schnitt $A—A$ eine Einsenkung.

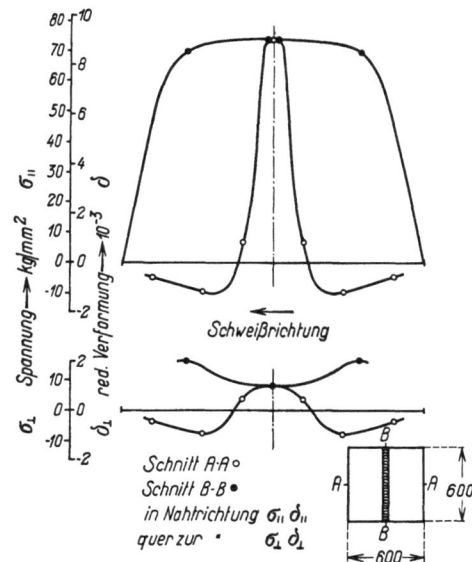

Abb. 10. Eigenspannungen bei Lichtbogenschweißung, Probe $C_{3/15}$, nackte Elektrode.

Die Schweiße selbst übt jetzt einen gewissen Zwang auf die Dehnung des angrenzenden Plattenstreifens aus, so daß hier ein Beispiel von ausgesprochener Stützwirkung vorliegt. Die Spannungen senkrecht zur Naht sind sogar etwa 3 cm neben der Naht 50% niedriger als 6 cm neben der Naht. Die Höchstspannungen sind wieder in Nahtmitte und betragen 95,1 kg/mm² parallel und 23,0 kg/mm² quer zur Naht.

Die Untersuchungen an den auf gleiche Art wie bei der Probe $C_{4/15}$ hergestellten Schweißverbindungen an 10 mm dicken ($C_{4/10}$) Abb. 12, und 5 mm dicken Platten, Abb. 13 ($C_{4/5}$), zeigen wieder wie die früheren Vergleichsversuche an autogenen Schweißverbindungen, daß mit der Wandstärke die Eigenspannungen absinken. Bei der 10 mm dicken Probe wurden als Höchstspannungen in der Naht 73 kg/mm² parallel zur Nahtrichtung ermittelt. An der gleichen Stelle ist die Spannung quer zur Naht 8,0 kg/mm². Die eigenartige Wirkung der Verbindung durch Werkstoffe mit höherer Festigkeit zeigen ferner deutlich die Ergebnisse der Versuche an der 5-mm-Platte $C_{4/5}$ in Abb. 13. Zuerst ist auf die weitere Erniedrigung der Höchstspannungen in der Naht hinzuweisen: 49,5 kg/mm² Zug parallel und 6,7 kg/mm² Druck senkrecht zur Nahtrichtung. Der Verlauf der Spannung längs des Mittelschnittes $A—A$ beweist, daß die großen Schrumpfungen im Nahtwerkstoff nicht so in Spannungen umgesetzt wurden, wie es bei einem gleichartigen Plattenwerkstoff der Fall gewesen wäre, weil die an die Naht angrenzenden Streifen der Platte nachgegeben haben und geflossen sind; dabei war der Kraftüberschuß in der Naht noch so groß, daß die Nachbarschichten unter Druck gesetzt wurden, während in der Naht selbst noch Zug herrscht.

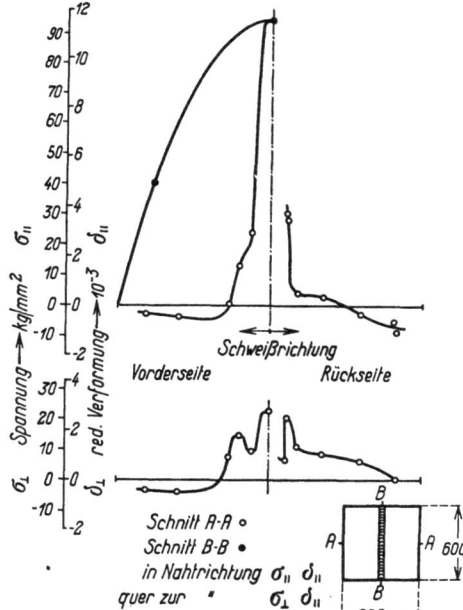

Abb. 11. Eigenspannungen bei Lichtbogenschweißung mit umhüllter Elektrode, Probe $C_{4/15}$.

Wie mit geringer werdender Wandstärke die Eigenspannungen weiter abfallen, zeigt die an 3-mm-Platten mit umhüllter Elektrode geschweißte Naht der Probe K_3E, wobei die Platten auf Keilspalt gelegt waren. In der Naht bleibt die Zugspannung in Nahtrichtung nach Abb. 14 abgesehen von den Nahtenden fast über die ganze Nahtlänge gleich mit einer Höhe von 29,1 kg/mm²; die Spannungen quer zur Naht ergeben in Nahtmitte einen Druck von 13,9 kg/mm², in den Nahtenden Zug. Im übrigen bietet die Spannungsverteilung das bisher allgemein gefundene Bild. Werden die Platten bei Elektroschweißung auf Keilspalt gelegt, wie bei der Probe $K_{15}E$, so werden hierdurch die größten Nahtspannungen gegenüber dem bei der Platte $C_{4/15}$ angewandten Verfahren im Gegensatz zur Autogenschweißung nicht herabgesetzt. In Nahtmitte wurden 94,3 kg/mm² parallel und 58,9 kg/mm² quer zur Naht gemessen. In 50 mm Abstand vom Rande wurden in der Naht 23,8 kg/mm² Zug parallel und 26,2 kg/mm² Druck quer zur Nahtrichtung gefunden.

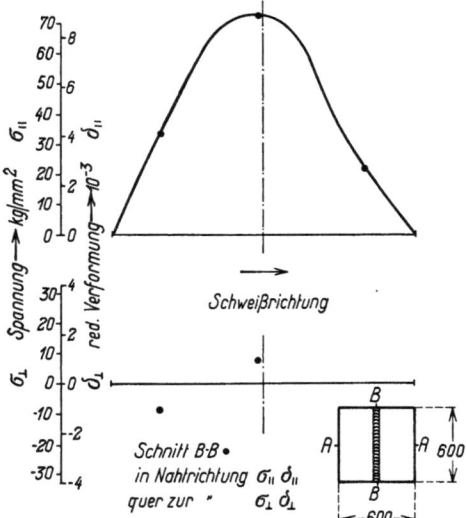

Abb. 12. Eigenspannungen bei Lichtbogenschweißung mit umhüllter Elektrode, Probe $C_{4/10}$.

Daß durch geeignete Maßnahmen die Eigenspannungen erheblich geringer gehalten werden können, beweisen die Meßergebnisse von der Probe $C_{6/15}$. Durch die Schweißfolge bei den einzelnen Raupen und durch die Unterteilung der Naht durch Absetzen einzelner Lagen sind die Eigenspannungen sehr günstig beeinflußt worden. An verschiedenen über die inneren zwei Drittel der Naht verteilten Stellen wurden folgende Naht-

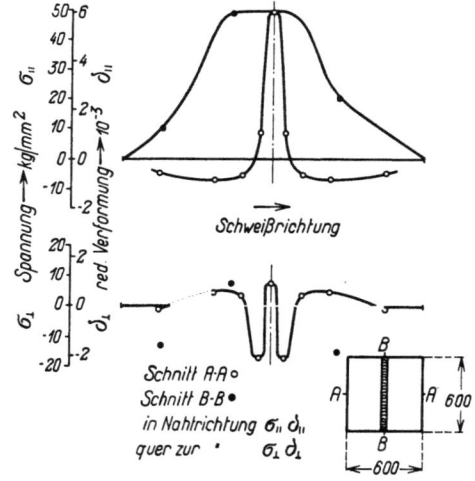

Abb. 13. Eigenspannungen bei Lichtbogenschweißung mit umhüllter Elektrode, Probe $C_{4/5}$.

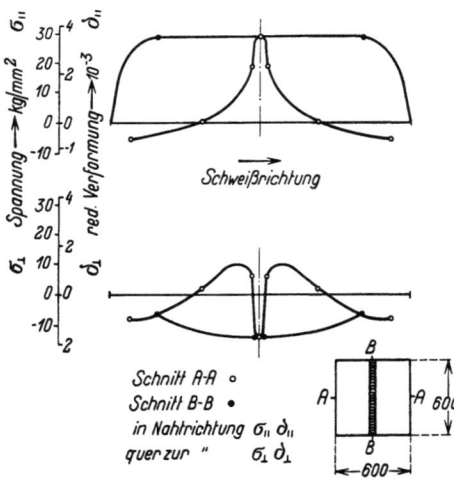

Abb. 14. Eigenspannungen bei Lichtbogenschweißung, Platten auf Keilspalt gelegt, Probe K_3E, umhüllte Elektrode.

spannungen festgestellt: In Nahtrichtung: 26,3, 17,8, 34,4 und 30,6 kg/mm² (Zug) und für die gleichen Meßstellen quer zur Naht — 10,7, — 11,3, + 1,31, — 10,8 kg/mm². Dieser Befund ist von großer Bedeutung und rechtfertigt durchaus die Wahl dieser in der Praxis häufig angewandten und bewährten Methode.

Eine weitere Versuchsreihe ist noch bemerkenswert mit Rücksicht auf die unterschiedlichen Ergebnisse an gleichartigen Schweißungen. Die Naht der Probe $C_{5/15}$ wurde wie bei der Platte $C_{4/15}$ mit derselben ummantelten Elektrode in durchgehenden Raupen geschweißt. Die Nahtspannungen sind aber niedriger. In Nahtmitte wurden 68,8 kg/mm² Zug parallel zur Naht gefunden, und 175 mm von der Nahtmitte 58,4 und 57,0 kg/mm².

An weiteren ebenso geschweißten Proben PE$_{15}$ wurde in Nahtmitte 70,3 kg/mm² Zugspannung und bei der Probe E$_{15}$Z 75 kg/mm² Zugspannung parallel zur Nahtrichtung festgestellt. Die Spannungen fallen trotz gleicher Schweißmethode sehr unterschiedlich aus bei der gleichen Plattenstärke. Die Gründe hierfür sind vorläufig unbekannt. Daher ist bei Vergleichsversuchen zu fordern, daß alle Umstände bei der Schweißung genau festgelegt werden, z. B. auch die Pausen bei Elektrodenwechsel, Schweißgeschwindigkeit usw. Ferner ist es notwendig, die Wirkung derartiger Umstände in ihrem Einfluß auf die Schweißspannungen zu untersuchen, um die Nutzanwendungen aus den Spannungsmessungen für die praktische Durchführung der Schweißung zu ziehen. Man ersieht ebenfalls, daß an wenigen Versuchsstücken gefundene Ergebnisse nicht verallgemeinert werden können. Aber da bis heute für die Erkennung der Schweißspannungen nur die ersten erfolgreichen Schritte getan worden sind, ist es schon wertvoll zu wissen, in welcher Höhe und Verteilung überhaupt Naht- und Konstruktionsspannungen auftreten.

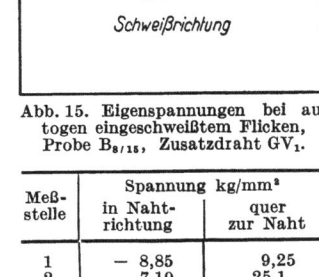

Abb. 15. Eigenspannungen bei autogen eingeschweißtem Flicken, Probe B$_{8/15}$, Zusatzdraht GV$_1$.

Meß-stelle	Spannung kg/mm²	
	in Naht-richtung	quer zur Naht
1	− 8,85	9,25
2	7,10	25,1
3	28,8	16,6
4	16,0	−11,1
5	39,2	31,6
6	34,1	24,1
7	20,9	11,8
8	33,0	28,9

c) **Eingeschweißte Flicken und aufgeschweißte Verstärkungen.** Die Kenntnis der Spannungen, die bei Ausbesserungsarbeiten z. B. an Behältern mit Hilfe des Schweißens oder bei aufgeschweißten Verstärkungen hervorgerufen werden, ist von besonderer Bedeutung. Die Spannungen werden in diesen Fällen bei großen Wandstärken und großer Nahtlänge ungefähr die größten sein, die überhaupt als Konstruktionseigenspannungen oder Bauspannungen in Frage kommen, da ein Flicken an allen Rändern entsprechend der Starrheit der übrigen Wand eingespannt ist. In den hier ausgemessenen Proben von 15 mm Dicke B$_{8/15}$ und C$_{9/15}$ ist der quadratisch begrenzte Flicken von 150 mm Kantenlänge in einen Rahmen von 225 mm Steghöhe mit einem Widerstandsmoment von etwa 127 cm³ fest eingespannt. Die Einspannung kann also als ziemlich starr angesehen werden. Die gleichen Bedingungen gelten für die Verstärkung auf den Platten B$_{7/15}$ und C$_{8/15}$.

In den Abb. 15 und 16 sind nun außer der Reihenfolge und Richtung der Schweißungen an den vier Seiten die Hauptspannungswerte ihrer Größe und Richtung nach aufgeschrieben. Diese Spannungen enthalten also neben den primären Nahtspannungen die Konstruktionsspannungen, die man in schwierigen Fällen erwarten kann. Der autogen eingeschweißte Flicken in Platte B$_8$ Abb. 15 steht unter der überhaupt höchsten Spannung in der Mitte (Meßstelle 5) mit 39,2 kg/mm² Zug quer zur ersten und vierten Naht und 31,6 kg/mm² Zug quer zur zweiten und dritten Naht. Sonst sind in den Nähten 1 und 2 die Spannungen bemerkenswerterweise höher als in 3 und 4. Die Spannungen sind im ganzen viel niedriger, als man nach den Ergebnissen an einfachen, langen Nähten erwartet hätte. Die Nähte sind wurzelseitig nachgeschweißt worden, so daß die zuerst gelegten Nähte zum Teil wieder ausgeglüht worden sind. Dazu kommt, daß bei dem geringen gegenseitigen Abstand die Nähte eine günstige thermische

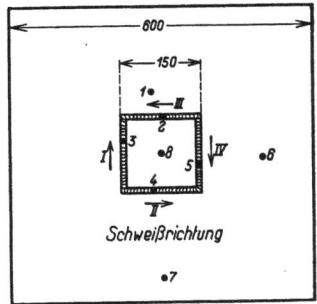

Abb. 16. Eigenspannungen bei elektrisch eingeschweißtem Flicken, Probe C$_{9/15}$ umhüllte Elektrode.

Meß-stelle	Spannung kg/mm²	
	in Naht-richtung	quer zur Naht
1	4,42	19,9
2	26,6	19,6
3	30,0	15,3
4	50,7	20,7
5	69,6	21,3
6	− 8,6	13,9
7	−42,9	− 8,8
8	45,1	37,1

Beeinflussung erfahren haben und sehr kurz sind. Aber immerhin ergeben sich im Vergleich zu allen bisherigen Messungen sehr niedrige Eigenspannungen, vor allen Dingen wesentlich niedrigere als bei dem elektrisch eingesetzten Flicken, für den Abb. 16 einige wichtige Versuchsergebnisse zeigt.

In Flickenmitte sind die Spannungen nicht viel höher als bei dem autogen eingeschweißten Flicken; sie betragen 45,1 kg/mm² quer zu Naht 1 und 4, 37,1 kg/mm² quer zu Naht 2 und 3.

In den Nähten selbst dagegen sind die Spannungen erheblich höher. In den einzelnen Nähten sind in der Reihenfolge des Schweißvorganges in Nahtrichtung 30,0, 50,7, 26,6, 69,6 kg/mm² Zugspannungen und quer zur Nahtrichtung 15,3, 20,7, 19,6 und 21,3 kg/mm² Zugspannungen erzeugt worden. Die Spannungen wachsen mit dem Grade der Einspannung. Im übrigen ist die Spannungsverteilung nicht so regelmäßig wie bei einer einfachen geraden Naht, besonders was die Umgebung des Flickens anbetrifft. Aber diese Spannungen in der Nachbarschaft sind auch nicht so wichtig, da es auf die Spannungsverteilung an den höchst beanspruchten Stellen in der Naht ankommt, welche ja für die Festigkeit der ganzen Verbindung ausschlaggebend ist.

Die Mitte der aufgesetzten Verstärkung bei der Platte $B_{7/15}$ steht unter allseitigem Zug, der in den beiden Richtungen senkrecht zu den Kehlnähten 53,5 und 28,8 kg/mm² beträgt. In den vier Nähten wurden gemessen in Nahtrichtung 17,2, 16,9, 12,0 und 38,2 kg/mm², bzw. quer zur Nahtrichtung 21,4, 38,4, 24,6 und 22,3 kg/mm². Fast der ganze außerhalb der Verstärkung liegende Teil der Grundplatte steht unter Druckspannungen parallel zu den Nähten, von denen der größte Wert zu − 18,5 kg/mm² bestimmt wurde.

Die Platte $C_{8/15}$ mit elektrisch aufgeschweißter Verstärkung weist in der Mitte der Verstärkung die Zugspannungen 31,9 kg/mm² und 31,13 kg/mm² senkrecht zu den Nähten *1* und *4* bzw. *2* und *3* auf. In den einzelnen Nähten herrschen in der Reihenfolge der Herstellung in Nahtrichtung 17,4, 46,0, 12,5 und 37,5 kg/mm², quer zur Nahtrichtung 17,1, 39,4, 12,0 und 22,0 kg/mm Zug. In diesem Falle ist die Summe von Konstruktionsspannungen und Nahtspannungen wegen der kurzen Nahtlänge trotz der schmalen Erwärmungszone und der hohen Festigkeit der Schweiße niedriger als bei der durch Gasschmelzschweißung aufgebrachten Verstärkung.

Aus diesen Versuchen ist als wichtigstes Ergebnis zu entnehmen, daß bei starrer allseitiger Einspannung und nicht zu langen Nähten die Bau- und Nahtspannungen zusammen nicht höher, sogar bei ziemlich kurzer Naht niedriger ausfallen als die Eigenspannungen in langen Nähten; ferner, daß bei sonst gleichen Abmessungen die Gasschmelzschweißung bei den hier vorliegenden Verhältnissen kleinere Eigenspannungen in eingeschweißten Flicken erzeugt als die Elektroschweißung. Aufgesetzte Flicken rufen größere Spannungen hervor als eingesetzte. Die zuletzt gelegten Nähte stehen im allgemeinen unter den größten Spannungen. Bei der Gasschmelzschweißung sind die Bauspannungen allein höher als bei der Elektroschweißung.

4. Versuche über den Spannungsabbau.

Die 1800 mm langen Zugstäbe wurden statischen Beanspruchungen in der Nahtrichtung ausgesetzt. Die Beanspruchung in Nahtrichtung geschah auf Grund folgender Überlegungen: In Nahtrichtung herrschen die höchsten Nahtspannungen, die weitaus größer sind als irgendwelche Konstruktionsspannungen und die zu erwartenden und zulässigen Betriebsspannungen. Andererseits sind die Festigkeiten von Schweißverbindungen gerade bei Beanspruchungen in der gewählten Richtung bisher wenig untersucht worden, trotzdem diese Beanspruchungen in Praxis nicht weniger oft vorkommen als senkrecht zu den Nähten, z. B. in Behältern (Gas- und Dampfkessel, Bunker) und anderen vollwandigen Bauteilen. Eine einfache Betrachtung der Beziehungen zwischen den Längs- und Querspannungen in den Nähten zeigt, daß infolge der großen Schrumpfungen beim Abkühlen der Schweiße unter der nicht unberechtigten Zugrundelegung dieser beiden Spannungen als äußerste Hauptspannungen an vielen Stellen der Grenzzustand für Fließbeginn erreicht ist. Die Vermutung, daß manchmal sogar vor dem bei Raumtemperatur endgültig als stabil sich einstellenden räumlichen Spannungszustande ein ziemliches Maß von plastischer Verformung vorhergegangen ist[1,2], ist keineswegs von der Hand zu weisen. Der Grenzzustand für Fließen wird nur überschritten und ein Spannungsabbau mit plastischer Formänderung frühestens erreicht durch Vergrößerung der Hauptspannungsdifferenz, wenn die größte Hauptspannung, d. i. in Nahtrichtung, erhöht wird. Wird nur die Querspannung gesteigert, so kann leicht eine Formänderungsbehinderung bis an die Trennfestigkeit der Schweiße,

---

[1] Wörtmann, F., u. W. Mohr: Wärmespannungen bei Schweißungen und ihr Einfluß auf die Sicherheit ausgeführter Konstruktionen. Schweiz. Bauztg. Bd. 100 (1932) S. 243/246.
[2] Grüning, G.: Die Schrumpfspannungen beim Schweißen. Stahlbau 7. Jg. (1934) S. 110/112.

oder eher noch des grobkörnigen, vielleicht durch Alterung spröderen Übergangsgefüges erzielt werden. Bis zum spröden Bruch tritt dann keine bleibende Dehnung und damit auch kein Spannungsabbau ein. Die vielen praktisch wirklich erfolgenden Brüche in oder neben Schweißnähten sind der Beweis hierfür. Die zusätzlichen Spannungen wurden ausgehend von einer Anfangsspannung gleich annähernd 2 kg/mm² in kleinen Stufen um 1 bis 2 kg/mm² in der ersten Belastungsreihe bis 10 kg/mm² bei dem autogen und elektrisch mit umhüllter Elektrode und bis 12 kg/mm² bei dem mit nackter Elektrode geschweißten Stabe gesteigert. Die Stäbe wurden danach aus der Zugmaschine ausgespannt, und die dann noch vorhandene Eigenspannungsverteilung festgestellt. Hierauf erfolgte eine zweite Belastungsreihe, von der ersten Belastungsreihe ab ebenfalls in kleinen Stufen gesteigert bis in die Nähe der Streckgrenze des Plattenwerkstoffes. Die zum Schlusse noch vorhandenen Eigenspannungen wurden dann wieder ermittelt. Die bei der Belastung auftretenden Längenänderungen in Zugrichtung wurden mit

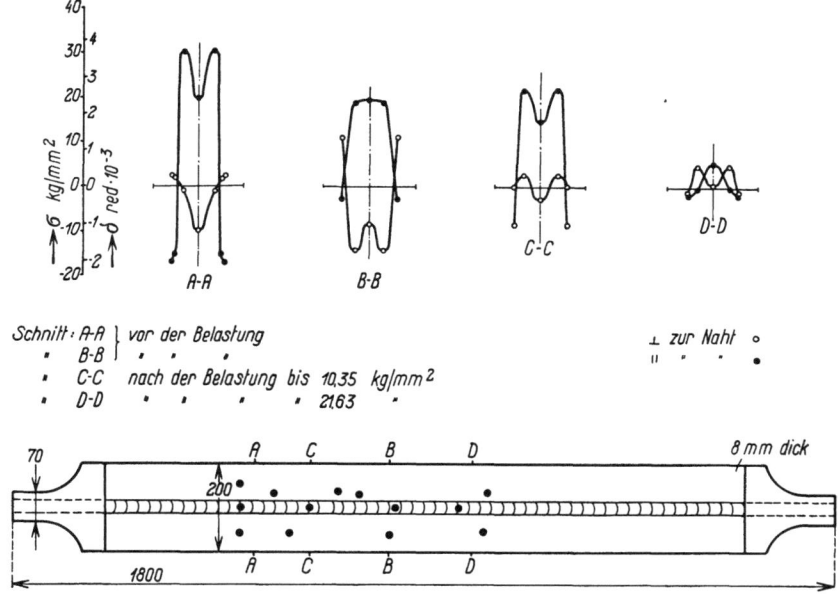

Abb. 17. Eigenspannungen und Spannungsabbau durch statische Belastung bei Gasschmelzschweißung.

Dehnungsmessern auf der Vorderseite und Rückseite an drei hervorgehobenen Stellen verfolgt, nämlich unmittelbar neben der Naht, ungefähr an der Stelle im mittleren Teile der beiden Plattenstreifen, wo die anfänglichen Eigenspannungen durch den Nullpunkt gehen, und in Randnähe. Von den einzelnen Zwischenspannungen und Endspannungen wurde auf den Anfangswert entlastet, und die bleibenden Längenänderungen wurden abgelesen. Die zum Schlusse noch vorhandenen Eigenspannungen wurden dann wieder festgestellt.

Die Ergebnisse dieser Versuche werden im folgenden für die einzelnen Proben getrennt besprochen.

a) Autogen geschweißte Probe. Die Eigenspannungsverteilung vor einer zusätzlichen Belastung wurde in mehreren Querschnitten ermittelt. Die Lage dieser Schnitte A—A, B—B und die gefundenen Spannungen sind in Abb. 17 eingetragen. Diese Abbildung zeigt ebenfalls die Verteilung der restlichen Eigenspannungen nach den beiden Belastungsreihen in den Schnitten C—C und D—D.

Die Anfangsspannungen sind in Nahtrichtung ziemlich gleichmäßig über die Stablänge verteilt, abgesehen von den Stabenden, wo sie auf Null abfallen. Die quer zur Naht gerichteten Normalspannungen dagegen weisen in den einzelnen Querschnitten abweichende Verteilung auf. Diese Erscheinungen sind zurückzuführen auf verschiedene Umstände: Bei der geringen Steifigkeit der Platten konnten sich die Spannungen durch Verwerfungen und Querschnittsverwölbung teilweise auslösen; ferner hat die Kühlung der Ränder mit Wasser nicht überall entsprechend der Wärmezufuhr in Stabmitte beim Schweißen geschehen können und wäre besser unterlassen worden, endlich wirken die Pausen während des Schweißens bei Ingebrauchnahme eines neuen Zusatzdrahtes sich in der Spannungsentstehung aus. Auf alle diese Umstände wurde bei diesen Versuchen noch nicht genügend geachtet wegen der bisher in dieser Beziehung ungenügenden Kenntnis. Zu einer weiteren Klärung der Einflüsse auf die Schweißspannungen

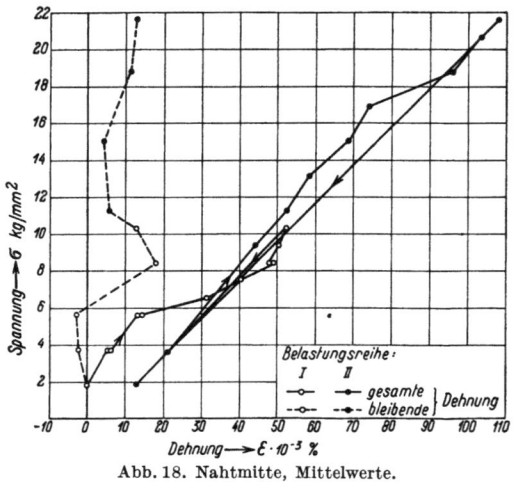
Abb. 18. Nahtmitte, Mittelwerte.

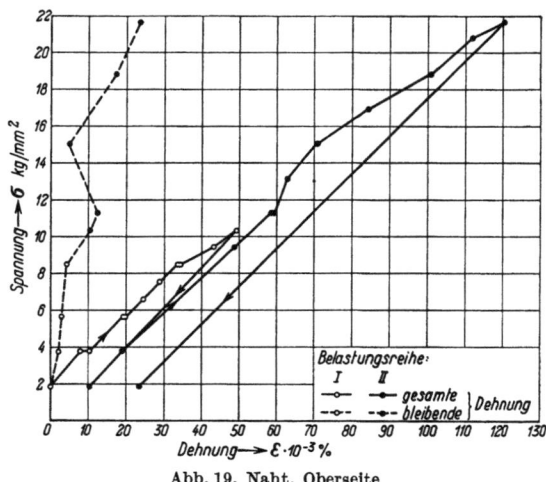
Abb. 19. Naht, Oberseite.

werden bei weiteren Versuchen die gemachten Erfahrungen sehr nützlich sein. Daß die Spannungen gegenüber den 15 mm dicken größeren Platten niedrig sind, ist nach den früheren vergleichenden Versuchen mit verschiedener Wandstärke in Ordnung. Bei einem Vergleich der

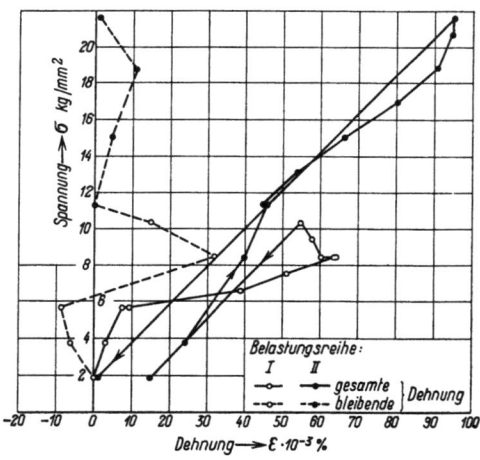
Abb. 20. Naht, Wurzelseite.

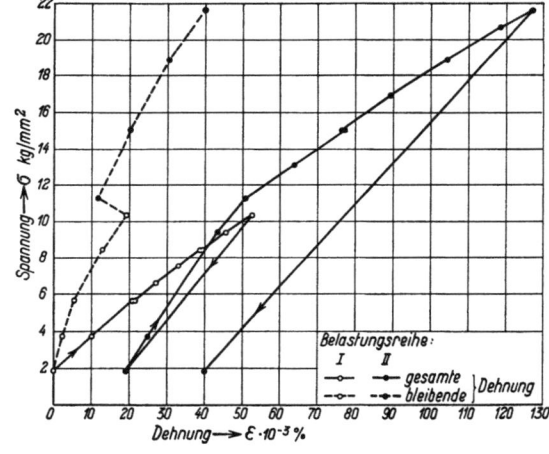
Abb. 21. Rand, Mittelwerte.

Eigenspannungszustände vor und nach den Belastungen ist zu berücksichtigen, daß an den verschiedenen Meßstellen auch vorher schon voneinander abweichende Verteilungen der Spannungen über die einzelnen Querschnitte bestanden haben können. Diese Unterschiede sind aber bei weitem nicht von dem Betrage, um den die Eigenspannungen durch die Zusatzbelastungen abgebaut wurden.

Zunächst zeigen die Kurven in Abb. 18 bis 22, daß man aus den Dehnungsmessungen nicht auf die Eigenspannungen mit Sicherheit schließen kann. Man kann nicht einmal einen sicheren Anhalt für das Vorzeichen, genau so wenig wie für die Höhe der Eigenspannungen erlangen. Denn an allen Stellen haben wir schon infolge der geringsten zusätzlichen Belastungen bleibende Dehnungen festzustellen, also selbst da, wo nahezu keine Vorspannungen herrschten. Weiterhin sind dort, wo man infolge der anfänglichen hohen Eigenzugspannungen nach zusätzlicher Belastung Verkürzungen erwarten sollte, positive Dehnungen festgestellt worden, nämlich am Nahtrande auf der Oberseite, wohingegen an der Wurzel eine geringe Verkürzung bis zu einer Zusatzspannung von 5,6 kg/mm^2, aber bei einer Steigerung der Spannung auf 8,5 kg/mm^2 eine erhebliche bleibende Verlängerung hervorgerufen wurde. Der hohe Spannungsgradient und der verwickelte mehrachsige Spannungszustand lassen es demnach geraten erscheinen, nur mit Vorsicht irgendwelche Folgerungen aus den Formänderungen auf die unterschiedliche Spannungsverteilung zu ziehen. Denn da der ganze räumliche Spannungszustand nicht bekannt ist, weiß man nicht, inwieweit die Formänderungen an den verschiedenen Meßstellen sich gegenseitig beeinflussen und von denen der übrigen Stabteile abhängen. Die Dehnungen auf einer Seite allein können indessen kein einwandfreies Bild liefern, da die Stäbe sich durch das Schweißen beträchtlich durchgebogen hatten und die Rückbiegung beim Zugversuche zusätzliche Spannungen erzeugte, die aber in den Mittelwerten aus den beiderseitigen Einzelmessungen herausfallen. Der Biegungseinfluß zeigt sich deutlich in den Verschiedenheiten der Spannungsdehnungskurven auf Vorder- und Rückseite. Die Beziehung zwischen Spannung und Dehnung erscheint nicht als sehr eindeutig. Dies rührt daher, daß infolge örtlich sehr begrenzter Ungleichmäßigkeiten in der Naht sowohl bezüglich des Querschnittes als auch der Eigenspannungen örtliches Fließen und dementsprechende Spannungsänderungen sich vollziehen, die auf die Verteilung des Gesamtspannungszustandes in dem gerade betrachteten Querschnitt sich auswirken und daher an allen Meßstellen in den Dehnungen zum Ausdruck kommen. Für weitere Versuche dieser Art ist eine größere Meßlänge als die hier mit 20 mm gewählte, mindestens gleich 100 mm zu empfehlen.

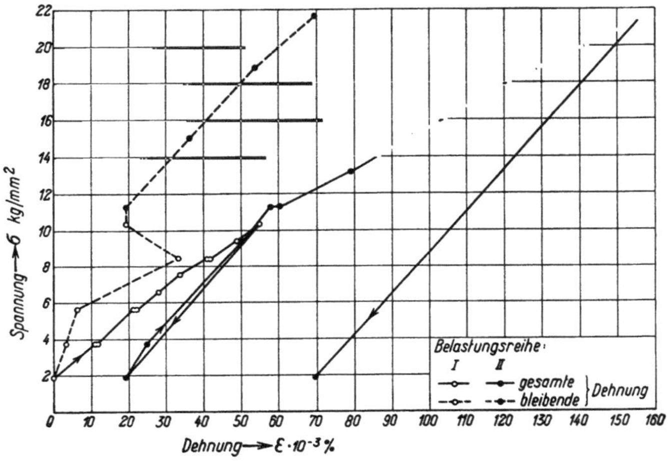

Durch die erste Belastungsreihe ist ein Spannungsabbau nur der quer zur Naht gerichteten Zugspannungen eingetreten — allerdings in erheblichem Maße — wie aus den Messungen in Schnitt C—C zu entnehmen ist. Die Verteilung der Restquerspannungen bietet das typische Bild der Restspannungen eines teilweise über die Fließgrenze vorübergehend belasteten Querschnittes, nämlich Eigenspannungen umgekehrten Vorzeichens. Bei den in Nahtrichtung verlaufenden Spannungen ist anzunehmen, daß in Nahtmitte ein Zusammenbruch der Spannungsspitzen erfolgt ist. Meßapparate konnten hier wegen der unregelmäßigen Oberfläche der Raupen leider nicht aufgesetzt werden. Ein Flachschleifen schien nicht tunlich, da sonst der verringerte Querschnitt wahrscheinlich schon früher den Eigenspannungen nachgegeben hätte. Weitere Versuche in dieser Richtung an Schweißnähten mit abgeschliffener Oberfläche, also beseitigten Kerben werden über derartige Maßnahmen sicher wertvollen Aufschluß geben.

Nach der zweiten Belastungsreihe bis zu 21,65 kg/mm^2 ist nun, wie die Messungen über den Schnitt D—D zeigen, der Spannungsabbau fast vollkommen. Die geringen noch vorhandenen Eigenspannungen sind ohne besondere Bedeutung. Trotzdem nun durch eine Belastung bis an die Streckgrenze ein nahezu vollständiger Abbau der Eigenzug- und Druckspannungen erzielt wurde, sind an den Stellen der höchsten Spannungen nur Verlängerungen aufgetreten. Da die Kurven der elastischen Dehnungen in vollkommener Übereinstimmung mit den aus dem Elastizitätsmodul zu errechnenden stehen, können Meßfehler nicht vorgekommen sein. Diese Erscheinung bedarf auf jeden Fall noch näherer Untersuchungen und läßt erkennen, daß frühere Methoden leicht zu Fehlschlüssen führen.

Abb. 22. Blechmitte, Oberseite.

Abb. 18—22. Spannungsdehnungslinien bei einem autogen geschweißten Zugstabe, in Nahtrichtung belastet.

Nach der Beanspruchung mit 21,65 kg/mm² zeigte sich eine große Anzahl von Fließlinien, die von Kerben zwischen den Schweißraupen oder von Meßbohrungen ausgingen und nahe bis an die Stellen der Plattenstreifen reichten, wo zu Anfang die Nullstelle der Eigenspannungen festgestellt worden war. Hierin ist eine schöne Bestätigung der Richtigkeit der Messungen zu er-

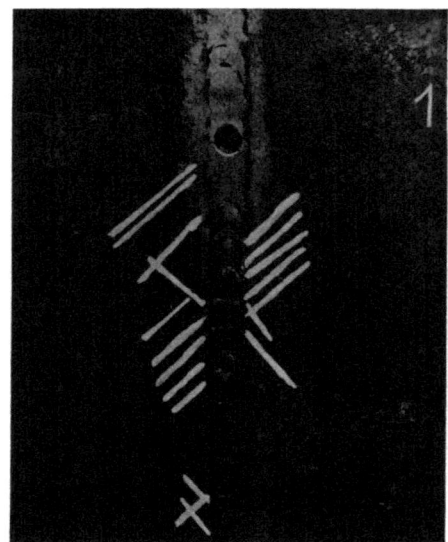
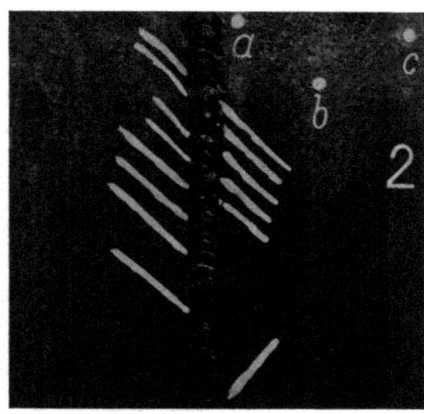

Abb. 23 und 24. Fließfiguren an dem Stabe nach Abb. 17 bei einer statischen Belastung mit 21,65 kg/mm²; *a*, *b* und *c* Meßstellen.

blicken. Ein Teil dieser Fließfiguren ist nachgezeichnet und im Lichtbilde festgehalten worden; s. Abb. 23 und 24. Während der langsamen Belastung wurde beobachtet, daß die Fließfiguren nicht bevorzugt an den Meßbohrungen entstanden, sondern oft genug schon früher an den Schweißraupen sich zeigten, wodurch bestätigt wird, daß die Bohrung infolge der Entlastung ihrer Umgebung durch Auslösung der Eigenspannungen keineswegs die Tragfähigkeit der Naht an dieser Stelle beeinträchtigt. Am Rande der Bohrung entstehen zwar Kerbspannungen, aber diese werden zusammen mit den mittleren zusätzlichen Beanspruchungen nicht größer als die Eigenspannungen und Zusatzspannungen zusammen an den übrigen Stellen der Naht.

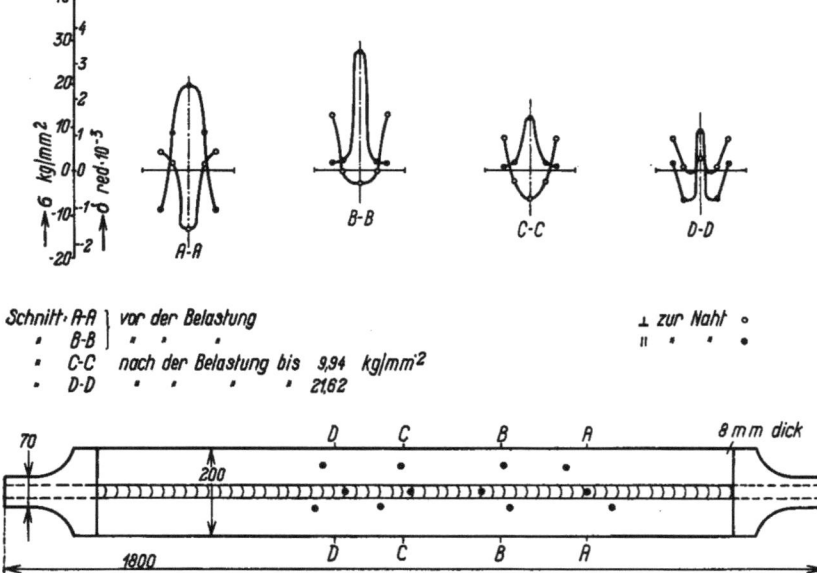

Abb. 25. Eigenspannungen und Spannungsabbau an einem mit umhüllter Elektrode geschweißten Zugstab; Belastung in Nahtrichtung.

b) Mit ummantelter Elektrode geschweißte Probe. Die Verteilung der Eigenspannungen am unbelasteten Stabe zeigt in zwei Querschnitten *A—A* und *B—B* Abb. 25. Die über den Schnitt *B—B* gemessenen Spannungen sowohl parallel als auch senkrecht zur Nahtrichtung scheinen in Widerspruch mit den Gleichgewichtsbedingungen zu stehen. Die Erklärung liegt darin, daß nach der Bohrkurve über die Plattendicke die Spannungen sich wieder außergewöhnlich stark ändern. Zunächst der Oberfläche herrschen sehr hohe Druckspannungen und weiter zur Mitte hin treten erst Zugspannungen auf, die über einen größeren Teil der Dicke verteilt sind. Bohrungen auf der anderen Seite ergaben das gleiche Bild, so daß die eingetragenen Spannungen nur ein Teilwert der tatsächlich vorhandenen sind. Es sei hier an die Spannungsverteilung in den Proben A_2 und A_3 nach den Abb. 2 und 3 erinnert. Daß in den Außenschichten ein solch hoher Druck und in den Mittelschichten Zug herrscht, ist der Wasserkühlung während des Schweißens zu verdanken, die eine über die Plattendicke sehr unterschiedliche Erwärmung verursachte. Die gekühlten äußeren Schichten dehnten sich und schrumpften ganz anders und hatten zu gleichen Zeiten ganz andere Festigkeiten als die inneren. Die Spannungen quer zur Naht sind über die Nahtlänge ebenfalls stark

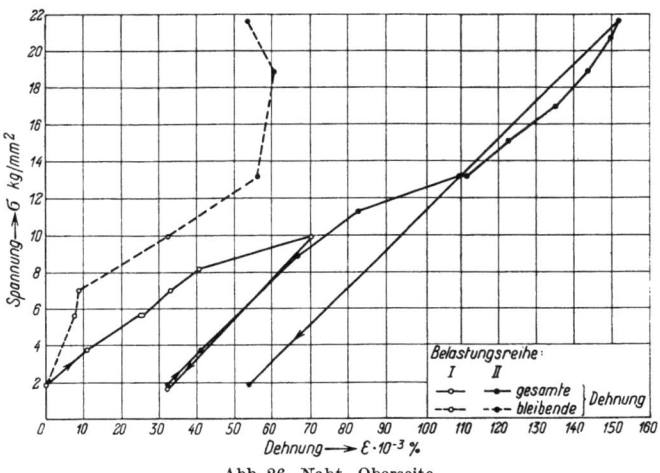

Abb. 26. Naht, Oberseite.

veränderlich. In Schnitt A—A betragen sie in Nahtmitte 12,5 kg/mm² und in Schnitt B—B nur noch 3 kg/mm² Druck. Die Randzone weist in Schnitt A—A 6,6 kg/mm² und in Schnitt B—B 17,00 kg/mm² Querzug auf. Die Spannungsspitzen in Nahtrichtung sind größer als bei der autogen geschweißten Zugprobe und betragen in Schnitt B—B 25,0 kg/mm² Zug.

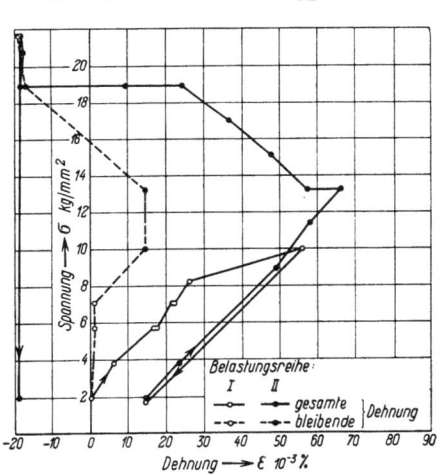

Abb. 27. Naht, Wurzelseite.

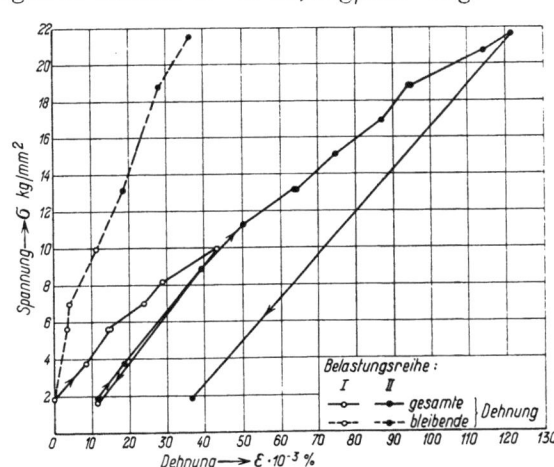

Abb. 28. Blechrand, Mittelwerte.

Abb. 26—28. Spannungsdehnungslinien vom Stabe der Abb. 25.

Der Spannungsabbau setzt schon bei geringen zusätzlichen Belastungen ein, die an allen Meßstellen in gleicher Anordnung wie bei der vorher besprochenen autogen geschweißten Probe bis zu äußeren Belastungen entsprechend einer Spannung von 13,2 kg/mm² Zug Verlängerungen an den Oberflächen verursachten. Die gemessenen Formänderungen sind in den Abb. 26 bis 28 wiedergegeben. Die erste Belastungsreihe bis 10 kg/mm² Zugbeanspruchung bewirkte bereits einen merklichen Spannungsabbau, wie die für Schnitt C—C gemessenen Eigenspannungen in Abb. 25 erkennen lassen.

Die höheren Zusatzspannungen der zweiten Belastungsreihe bewirken das gemeinhin erwartete Auftreten starker restlicher Zusammendrückungen an den Nahträndern auf der Wurzelseite. Ein schnelles Fließen tritt hier bei 13,2 kg/mm² Zugspannung ein und setzt sich fort bis 18,9 kg/mm², von wo ab auch bei weiterer Laststeigerung das Fließen vorläufig zum Stillstand kommt. Von dieser Belastung ab erfolgt das Fließen neben der Naht auf der Oberseite. Die aus den Messungen auf beiden Seiten ermittelten Werte zeigen, wie sehr von den Verformungen in den übrigen Teilen der Platte diejenigen an der Naht noch beeinflußt werden. Man sollte nun annehmen, daß mittlerweile ein ziemlich vollständiger Abbau der Eigenspannungen sich vollzogen hätte. Dies ist aber nicht der Fall, wie die nach der vollkommenen Entlastung in Querschnitt $D-D$ gemessenen Eigenspannungen zeigen. Die Ursache liegt in den unterschiedlichen Festigkeitseigenschaften des in die Naht niedergeschmolzenen Elektrodenwerkstoffes. Ungleicher Werkstoff bewirkt also nicht nur eine Erzeugung ungünstig hoher Eigenspannungen, sondern verhindert außerdem noch den Spannungsabbau. Nun liegen bei der hier gewählten Art der Beanspruchung — Zug in Nahtrichtung — die Verhältnisse für einen frühen Spannungsabbau noch günstig. Wäre die Beanspruchung quer zur Naht erfolgt oder in beiden Richtungen gleichzeitig, wie etwa bei einem Behälter unter innerem Druck, so könnte vielleicht die Formänderung bis zum Eintritt eines Trennungsbruches verhindert werden. Diese Vorgänge lassen wieder deutlich erkennen, daß es nicht genügt, wenn der Plattenwerkstoff und das niedergeschmolzene Zusatzmaterial eine große Bruchdehnung hat, sondern vor allen Dingen müssen die Festigkeiten die gleichen sein und die Spannungsspitzen beseitigt werden. Dabei können die beim Schweißen entstehenden Konstruktionsspannungen meistens ohne weiteres in Kauf genommen werden, da sie selten so hoch werden wie die Nahtspannungen bei frei beweglichen Platten.

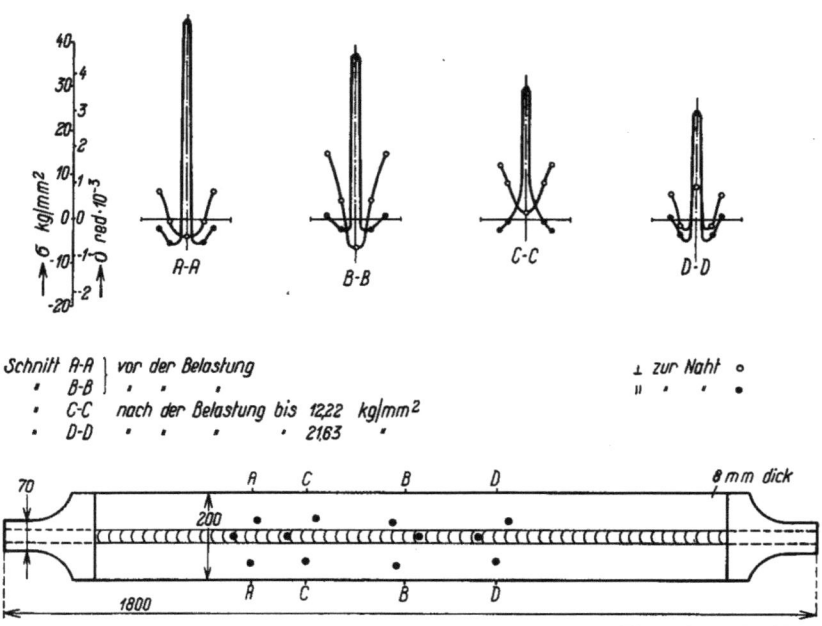

Abb. 29. Eigenspannungen und Spannungsabbau an einem mit nackter Elektrode geschweißten Stab; Belastung in Nahtrichtung.

c) **Mit nackter Elektrode geschweißte Probe.** Noch deutlicher wird die Unmöglichkeit, hohe Spannungsspitzen durch äußere Belastungen abzubauen, an dem mit nackten Elektroden geschweißten Versuchsstab. Die ursprüngliche Eigenspannungsverteilung in zwei Schnitten $A-A$ und $B-B$ zeigt Abb. 29. Diese enthält auch die nach der ersten (Schnitt $C-C$) und zweiten Belastungsreihe (Schnitt $D-D$) noch vorhandenen Eigenspannungsverteilungen. Auch hier sind nach den Abb. 30 bis 32 von vornherein bei kleinen Zusatzspannungen bleibende Dehnungen hervorgerufen worden. Nach der ersten Belastungsreihe sind die Eigenspannungen kaum abgebaut worden, höchstens die Spitzenspannungen in Nahtmitte. Gleich neben der Naht tritt erhebliches Fließen auf der Oberseite des Bleches auf bei einer zusätzlichen Spannung von 18,9 kg/mm², so daß nach der Entlastung hier eine Verkürzung von $25{,}1 \cdot 10^{-3}$% festgestellt wurde. Sonst sind bis zu der Endbelastung an allen Meßstellen nur bleibende Verlängerungen beobachtet worden, trotzdem auch dort vielfach Eigenzugspannungen abgebaut worden sind. Die hohe Spannungsspitze in der Naht ist nur um ein weniges kleiner geworden, da der zu ihr führende hohe Spannungsgradient eine Formänderung auch bei äußerer Last weitgehend verhinderte.

In der folgenden Zusammenstellung sind die Beträge, um welche die Eigenspannungen durch den Zugversuch vermindert wurden, für die drei Zugstäbe verglichen.

Spannungsabbau an Stäben, nach verschiedenen Verfahren geschweißt, bei äußeren in Nahtrichtung wirkenden Zugkräften.

	Autogen-schweiß-verbindung	Elektroschweißverbindung	
		mit umhüllter Elektrode	mit nackter Elektrode
Zusätzliche Spannung . . . . kg/mm²	21,65	21,65	21,65
Gesamtverlängerung bei Höchstlast (elastisch + plastisch) %	0,107	0,067	0,044
Plastische Verformung . . . . %	0,075	0,0175	− 0,025
Abbau der höchsten Eigenspannung um . . . . %	78	62,5	33,2
Restliche Eigenspannung . . . . kg/mm²	5,00	9,35	23,00

d) Weitere Versuche über Spannungsabbau. Bei den vielfach erheblich über die normale Streckgrenze ansteigenden Eigenspannungen, die teils durch die schnelle Spannungsänderung von Ort zu Ort erzwungen werden, ist nach den bisherigen Ergebnissen oft der Grenzzustand für die Fließbedingung vorhanden als Endzustand nach vorausgegangener plastischer Verformung. An einigen Probestücken wurde nun untersucht, ob die Eigenspannungen durch stoßweise aufgebrachte, an sich niedrige Beanspruchungen im Gleichgewichtszustande gestört und zu einem niedrigeren Niveau übergeführt werden können. Dies sollte eigentlich der Fall

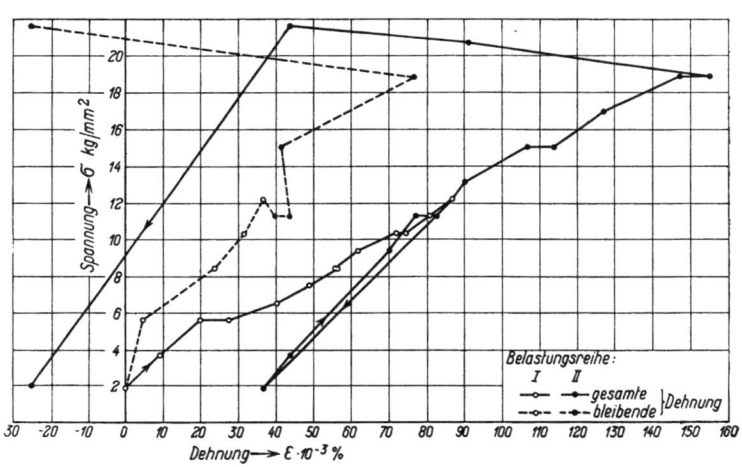

Abb. 30. Naht, Mittelwerte.

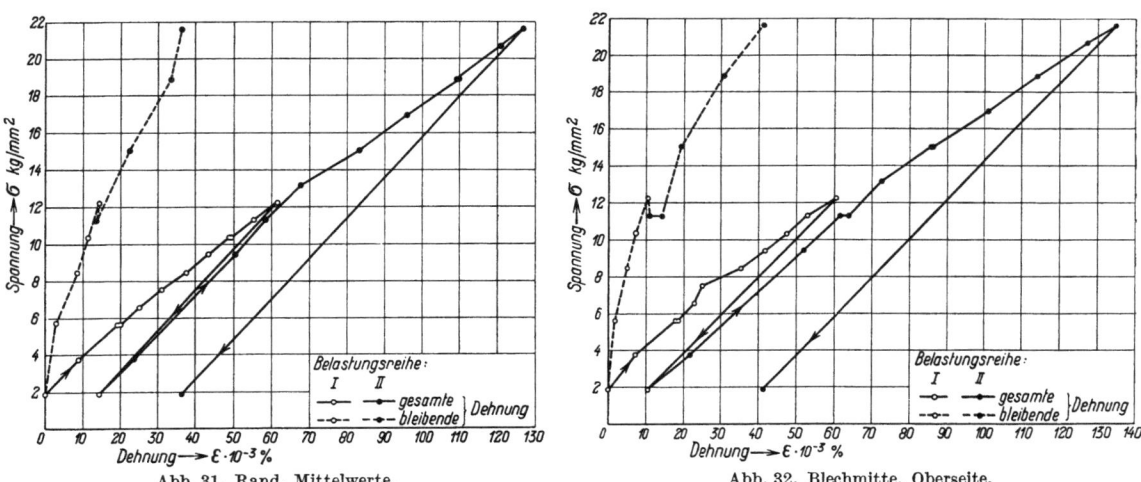

Abb. 31. Rand, Mittelwerte.   Abb. 32. Blechmitte, Oberseite.

Abb. 30—32. Spannungsdehnungslinien vom Stabe der Abb. 29.

sein, wenn sehr instabile Spannungszustände vorhanden sind und sich über so große Bereiche erstrecken, daß Änderungen der Messung bei der gewählten Meßlänge noch zugänglich sind.

Zu dem Zwecke wurden sogenannte Polterversuche angestellt in der Weise, daß geschweißte Proben parallel zu den Schweißnähten mit einer Plattenhälfte bis nahe an die Naht eingespannt und auf die andere Plattenhälfte am Rande durch kräftiges Hämmern mit einem 1-kg-Handhammer senkrecht zur Plattenebene stoßweise Biegungskräfte ausgeübt wurden. Die Proben sind bezeichnet mit PA, $C_{5/15}$ und PE_{15}.

In der Naht wurden bei der Platte PA in der Mitte an zwei Stellen Spannungen von 34,2 und 18,1 kg/mm² parallel bzw. 3,3 und 3,5 kg/mm² quer zur Naht nach dem Schweißen gemessen. Dann wurde gepoltert durch 25 Schläge auf jede Plattenhälfte. Nach dem Poltern wurde in der Nähe der beiden ersten Meßstellen parallel zur Naht 30,4 und 21,6 kg/mm², quer zur Naht 0,87 und −3,1 kg/mm² Spannung festgestellt. Ein merklicher Spannungsabbau kann demnach nicht eingetreten sein.

Bei der Platte $C_5/_{15}$ betrugen die Nahtspannungen nach dem Poltern durch 10 Schläge auf jede Seite noch 49,7 und 61,5 kg/mm² in Nahtrichtung, 4,1 und 13,7 kg/mm² senkrecht zur Naht an zwei Meßstellen. Nach den früher mitgeteilten Werten für die anfänglichen Nahtspannungen hat also hier das Poltern keinen Spannungsabbau verursacht.

Bei einem weiteren Versuch an der Platte PE_{15} wurden 25 Schläge auf jede Plattenseite ausgeübt. Die darauf ermittelten Eigenspannungen waren noch 79,4 und 54,8 kg/mm² in Nahtrichtung bzw. 15,7 und 12,9 kg/mm senkrecht zur Naht, so daß auch hier auf eine Spannungserniedrigung nicht geschlossen werden kann.

Diese wenigen Versuche, wenn auch nur als erste orientierende zu betrachten, lassen erkennen, daß durch stoßartige, geringe Beanspruchungen, trotzdem sie an großen geschweißten Konstruktionsteilen oft zu Rissen führen (beim Verladen, beim Abwerfen von Transportwagen usw.), kein merklicher Spannungsabbau zu erreichen ist. Weitere Versuche, bei denen die Stoßkräfte genau gemessen und zwischen beliebigen Grenzen geändert werden können, sind daher erforderlich.

III. Zusammenfassung und Schluß.

An den verschiedensten autogen und elektrisch hergestellten Schweißverbindungen wurden die Eigenspannungszustände bestimmt. Untersucht wurde der Einfluß der Breite der Erwärmungszone, Nahtlänge, Plattenstärke, des Zusatzwerkstoffes und des „Schweißverfahrens". Die meisten Untersuchungen erstreckten sich auf die Ermittlung der Nahtspannungen an frei beweglichen und in der Naht vorgehefteten Platten; an einigen Beispielen für eingeschweißte Flicken und aufgebrachte Verstärkungen wurde der Einfluß einer weitgehend starren Einspannung auf die Bauspannungen beobachtet. Weitere Untersuchungen erstreckten sich auf den Abbau der Schweißspannungen bei zusätzlichen statischen und stoßweise durch äußere Kräfte aufgebrachten Beanspruchungen. Bei allen Versuchen dienten als Probestücke Schweißverbindungen an ebenen, ausgeglühten Platten aus St 37.

Allgemein ist infolge ungleichmäßiger Spannungsverteilung und räumlicher Spannungszustände eine starke Formänderungsbehinderung vorhanden, d. h. es treten Spannungen auf, die oft weit über der bei einem gleichmäßig verteilten, einachsigen Spannungszustande ermittelten Streckgrenze liegen. Mit der Länge der Naht wachsen die Spannungen an, die sich bei genügender Plattensteifigkeit in aufeinander folgenden Abschnitten addieren, bis der Grenzzustand für Fließen erreicht ist. Wenn Verwerfungen der Querschnitte und Ausbeulungen auftreten, vermindern sich die Spannungsmittelwerte über die Dicke, da die potentielle Energie des Zuges bzw. des Druckes teilweise in die potentielle Energie der Biegung übergeht. Bei dicken Platten mit großen Längs- und Breitenabmessungen hat bei der Erwärmung und in stärkerem Maße bei der Abkühlung Fließen in der Naht oder in den angrenzenden Plattenstreifen stattgefunden, bis die bleibende Verformung bei Erreichen des Grenzzustandes zum Stillstand kommt.

An ungeteilten Platten wurde gefunden, daß sich unbeeinflußt von einem in die Naht eingeschmolzenen Zusatzwerkstoffe Eigenspannungen ausbilden mit der Verteilung und von der Größe der Spannungen in Schweißverbindungen. Dabei entspricht die schmale Erwärmungszone einer elektrisch und die breite Erwärmungszone einer autogen geschweißten Verbindung, in welcher der Zusatzwerkstoff in niedergeschmolzenem Zustande annähernd die gleichen Festigkeitseigenschaften hat wie der Plattenwerkstoff. Die höchsten Spannungen treten bei der schmalen Erwärmungszone auf, entsprechend einer Elektroschweißung mit nackter Elektrode, und um ein Drittel niedrigere Spannungen bei einer breiten Erwärmungszone entsprechend einer Autogenschweißung.

Bei den autogen mit GV$_1$ als Zusatzdraht geschweißten Verbindungen treten Streckgrenzenerhöhungen bis zu 100% auf infolge des mehrachsigen Eigenspannungszustandes. Deutlich ist die Abhängigkeit der Schweißspannungen von der Plattenstärke. Bei Blechdicken von 11 mm an aufwärts wird die normale Streckgrenze in der Naht und bei Plattenstärken über 8 mm auch in der Platte überschritten. Die Höchstspannungen sind in Nahtrichtung und zwar bei den 15 mm dicken Platten immer in Nahtmitte und bei Platten unter 10 mm entweder in Nahtmitte oder an den Nahträndern. GV$_2$ als Zusatzdraht erzeugt höhere Eigenspannungen als GV$_1$. Je nach der individuellen Durchführung der Schweißung fallen die Eigenspannungen sehr unterschiedlich aus. Daher können die Meßergebnisse nicht verallgemeinert werden. Je mehr Fehlstellen in der Schweiße vorhanden sind, z. B. infolge zu großer Schweißgeschwindigkeit, Kaltschweißstellen, Schlackeneinschlüsse usw., um so niedriger werden die Spannungen. Schmieden in Hellrotglut, von der Schweißung herrührend, vermindert die Eigenspannungen nicht, da sie erst bei der Abkühlung unter die Schmiedetemperatur entstehen.

Vollkommen freie Beweglichkeit bei Keilspalt ist günstig und vermindert die Nahtspannungen. Im gleichen Sinne wirkt Linksschweißung, bei der jedoch größere Konstruktionsspannungen zu erwarten sind.

Bei der Elektroschweißung werden infolge der schmalen Erhitzungszone immer wesentlich höhere Nahtspannungen hervorgerufen als bei der Autogenverbindung. Ein Vergleich von Nähten mit nackter und umhüllter Elektrode als Zusatzwerkstoffe beweist, daß die Eigenspannungen in der Naht wesentlich von den Festigkeitseigenschaften des eingeschmolzenen Zusatzwerkstoffes bestimmt werden. Die Höhe der gemessenen Spannungen ist nur unter Beachtung der Streckgrenze des Nahtwerkstoffes zu beurteilen, wobei zu berücksichtigen ist, daß eine Verfestigung durch bleibende Verformungen während der zuletzt erfolgenden Abkühlung erfolgt sein kann.

An den mit nackten Elektroden geschweißten Verbindungen wurden die gleichen Höchstspannungen und ähnliche Spannungsverteilungen ermittelt wie bei der schmalen Erwärmungszone allein.

Da die hier verwandte umhüllte Elektrode in niedergeschmolzenem Zustande eine wesentlich höhere Festigkeit als der Plattenwerkstoff und die nackte Elektrode hat — die Streckgrenze beträgt fast das Doppelte —, sind die Nahtspannungen ebenfalls erheblich größer, und zwar wird infolge eines mehrachsigen Spannungszustandes und des großen Spannungsgradienten die Streckgrenze um Beträge bis zu 90% erhöht. Die höchste gemessene Spannung ist 95 kg/mm^2 Zugspannung in Nahtmitte. Die Schweißmethode ist gerade bei der Elektroschweißung von erheblicher Bedeutung. Durchgehende Raupen ergeben höhere Spannungen als abgesetzte. Ein Keilspalt scheint ohne Einfluß zu sein. Mit der Plattenstärke nehmen die Eigenspannungen ab: Bei 10 mm Plattendicke betragen sie noch 80%, bei 5 mm Plattendicke 50% und bei 3 mm Plattendicke nur noch 30% derjenigen in der 15 mm dicken Platte. Auch verschiedene auf die gleiche Art hergestellte Elektroschweißverbindungen zeigen stark voneinander abweichende Eigenspannungen.

Einige Beispiele für Eigenspannungen an starr eingespannten Schweißverbindungen — eingeschweißte Flicken und aufgeschweißte Verstärkungen — bestätigen, daß die Bauspannungen gegenüber den reinen Nahtspannungen zurücktreten. Dies ist bedeutungsvoll für die Festigkeit der ganzen Verbindung, und hieraus folgt, daß auch hier die Breite der Erwärmungszone der maßgebende Faktor ist. Bei der Gasschmelzschweißung wurden als Höchstwerte 39 kg/mm^2 Zugspannungen gegenüber 70 kg/mm^2 beim elektrisch mit umhüllter Elektrode eingeschweißten Flicken beobachtet. Bei der Gasschmelzschweißung werden demnach die Bauspannungen infolge der breiten Erwärmungszone selten so hoch wie die Nahtspannungen bei der Elektroschweißung.

Bei aufgeschweißten Verstärkungen waren dagegen wegen der größeren unterschiedlichen Wärmedehnungen in Platte und Verstärkung und wegen der Behinderung der an sich größeren Schrumpfung in der Verstärkung durch den darunter liegenden starren Plattenteil die Bauspannungen bei der Gasschmelzschweißung höher.

Versuche über den Spannungsabbau ergaben bei gleichen zusätzlichen Beanspruchungen in Nahtrichtung an autogen, elektrisch mit nackter und mit umhüllter Elektrode geschweißten

Stäben, daß die Eigenspannungen bei den Autogenschweißungen eher und stärker abgebaut werden als bei Elektroschweißung. Ein Spannungsabbau durch wenige stoßartige, elastische Beanspruchungen war weder bei autogen noch bei elektrisch geschweißten Nähten mit Bestimmtheit nachzuweisen.

Aus den gesamten hier mitgeteilten Versuchsergebnissen ist zu entnehmen: In den Schweißverbindungen treten Nahtspannungen auf, welche die Bauspannungen oft erheblich übersteigen. Die Festigkeit einer Schweißverbindung ist bestimmt durch den Eigenspannungszustand in der Naht oder in den Nahträndern. Bei breiter Erwärmungszone sind die Eigenspannungen wesentlich kleiner als bei schmaler Erwärmungszone an frei beweglichen und elektrisch vorgehefteten Platten.

Bestimmend für die höchstmöglichen Eigenspannungen ist von den in der Verbindung vorkommenden Werkstoffen derjenige mit den höchsten Festigkeitseigenschaften. Bei einem gegebenen Werkstoff der zu verschweißenden Teile ist die höchste Festigkeit des Konstruktionsverbandes dann zu erreichen, wenn die technologischen Eigenschaften des niedergeschmolzenen Zusatzwerkstoffes denen der Platte möglichst gleich sind, da dann die niedrigsten Eigenspannungen in der Verbindung erzeugt werden. Ist der Zusatzwerkstoff fester, so werden die an die Naht angrenzenden Streifen höher beansprucht und vertragen deshalb nur noch kleinere Beanspruchungen durch äußere Kräfte.

Die Versuche wurden ermöglicht durch die weitgehende Unterstützung der Gaskonvention, welche in dankenswerter Weise die gesamten Versuchsstücke stellte und sich an den Kosten für die Versuchsdurchführung beteiligte.

Der Notgemeinschaft der Deutschen Wissenschaft sei herzlichst gedankt für die Überlassung der erforderlichen Meßinstrumente.

Ferner sei der herzlichste Dank folgenden Herren ausgesprochen: Herrn Dr.-Ing. H. Mies, Köln, der sich um das Zustandekommen der Versuche sehr verdient gemacht hat und mit lebhafter Anteilnahme den Fortgang der Arbeiten verfolgte; Herrn Dr.-Ing. Buchholz, Köln, für seine wertvollen Ratschläge und Herrn Dipl.-Ing. H. Drosio für seine ausdauernde uneigennützige Mitarbeit.

If you have any concerns about our products,
you can contact us on
ProductSafety@springernature.com

In case Publisher is established outside the EU,
the EU authorized representative is:
**Springer Nature Customer Service Center GmbH
Europaplatz 3, 69115 Heidelberg, Germany**

Printed by Libri Plureos GmbH
in Hamburg, Germany